# 빅데이터 기초 개념, 동인, 기법

# 빅데이터 기초 : 개념, 동인, 기법

발행일　2017년 9월 5일 1쇄 발행
　　　　2020년 8월 3일 2쇄 발행

지은이　Thomas Erl · Wajid Khattak · Paul Buhler
옮긴이　조성준 · 이혜진 · 안용대 · 이제혁 · 전성환 · 문지형 · 김도형 · 정민기 · 신동민
발행인　강학경
발행처　(주)시그마프레스
디자인　조은영
편　집　김경림

등록번호　제10-2642호
주소　서울시 영등포구 양평로 22길 21 선유도코오롱디지털타워 401~402호
전자우편　sigma@spress.co.kr
홈페이지　http://www.sigmapress.co.kr
전화　(02)323-4845, (02)2062-5184~8
팩스　(02)323-4197

ISBN | 978-89-6866-977-4

## Big Data Fundamentals: Concepts, Drivers & Techniques

✳ 책값은 책 뒤표지에 있습니다.

이 도서의 국립중앙도서관 출판예정도서목록(CIP)은 서지정보유통지원시스템 홈페이지(http://seoji.
nl.go.kr)와 국가자료공동목록시스템(http://www.nl.go.kr/kolisnet)에서 이용하실 수 있습니다.(CIP제
어번호 : CIP2017020011)

20 17년 오늘 우리는 빅데이터 혁명을 겪고 있다. 혹자는 사물인터넷, 혹자는 제4차 산업혁명, 혹자는 인공지능을 이야기하지만 이 모두가 다 연결되어 있다. 빅데이터의 주된 소스가 소셜 미디어에 올라오는 글, 사진, 동영상이며 사물인터넷을 통해 들어오는 각종 센서 데이터이다. 보통 빅데이터는 데이터의 양, 생성 속도, 종류의 다양함(Volume, Velocity, Variety)이라는 정보기술적(Information Technology) 특성으로 언급한다. 그렇다면 비즈니스적인 특성은 무엇인가? 빅데이터는 분석가의 분석을 통해 인사이트로 바뀌고, 인사이트에 기반한 의사결정자의 액션을 통해 비즈니스 밸류로 바뀐다. 따라서 빅데이터는 비즈니스 밸류를 창출할 수 있는 인사이트의 원재료라고 할 수 있다. 예를 들어, Amazon은 고객의 구매 및 방문 기록(빅데이터)으로부터 '고객 개개인이 어떤 제품을 구매할 가능성이 얼마인지'를 계산하여(인사이트), 추천이라는 액션을 통해 매출을 66% 제고한다(밸류). 제너럴 일렉트릭(General Electric)은 항공 엔진 운항 데이터(빅데이터)로부터 각 부품의 고장 가능 확률(인사이트)을 계산하여, 이를 바탕으로 하드웨어뿐만 아니라 서비스도 판매하고 있다(밸류).

빅데이터로부터 인사이트를 도출하려면 먼저 정형, 비정형 데이터를 저장하고, 처리하고, 이를 분석해야 한다. 이 과정에서 필요한 NoSQL과 같은 새로운 데이터베이스 기술, 맵리듀스(Map Reduce)로 대표되는 병렬처리 기술, 데이터마이닝과 머신러닝으로 대표되는 분석기술이 필요하다. 이 책에는 이러한 핵심 기술에 대한 상세한 소개가 되어 있다. 이와 함께 왜 기존 관계형 데이터베이스 기술이 부적절한지, 단일 CPU 처리기술로는 어떠한 어려운 점이 있는지를 설명한다.

이 책의 특별한 장점은 이러한 기술적 측면에 대한 상세한 기술 외에도 비즈니스적인 측면에 대해 매우 현실적인 상황을 소개하고 있다는 것이다. 과연 기업에서는 왜 빅데이터에 관심을 가져야 하는지, 그리고 어떠한 절차를 거쳐 빅데이터를 비즈니스 밸류화시키는지, 어떠한 어려움과 도전이 기다리고 있는지를 실제 기업 컨설팅 과정에서 경험한 내용을 바탕으로 가감 없이 자세히 소개하고 있다. 이는 고담준론이 아니며 남으로부터 들은 이야기도 아니다. 저자 본인들이 직접 컨설팅한 보험회사의 상황을 상세히 전달하고 있다. 이 회사의 비즈니스 환경, 경쟁 환경, 최고경영자 및 임원들의 현실 인식, 빅데이터를 보는 관점, 해당 회사의 정보시스템, 데이터베이스 구조, 빅데이터 저장 및 처리 신기술에 대한 직원들의 이해 수준, 분석 능력 확보 문제, 인사이트의 비즈니스화, 이 과정에서의 걸림돌 등을 중계방송을 하듯 서술하고 있다. 누구든지 빅데이터를 통해 비즈니스 밸류를 창출하고자 할 때 고려해야 할 기술적 측면과 비즈니스적 측면 모두를 훌륭하게 커버하고 있다.

특별한 천연자원이 없는 우리나라가 빅데이터라는 새로운 자원을 십분 활용하여 많은 기업과 공공기관이 비즈니스 밸류를 창출하여 경쟁력 향상과 일자리 창출 두 가지 토끼를 모두 잡기를 희망한다. 훌륭한 저서를 번역하게 되어 매우 기쁘게 생각하며, 이러한 기회를 만들어주신 (주)시그마프레스에 감사드린다.

2017년 7월
관악에서
대표 역자 조성준

BIG DATA
FUNDAMENTALS

빅 데이터는 비즈니스의 성격을 바꿀 수 있는 능력을 갖추고 있다. 실제로, 빅데이터만이 제공할 수 있는 인사이트(insight)를 생성하는 능력을 기반으로 하는 기업이 많다. 제1부에서는 주로 비즈니스 관점에서 빅데이터의 핵심 요소에 대해 다룬다. 기업은 빅데이터를 단지 기술로서만이 아니라 이를 통해서 어떻게 조직을 발전시킬 수 있는지에 대해서 이해해야 한다.

제1부는 다음과 같이 구성된다.

- 제1장에서는 수준 높은 비즈니스 인사이트를 제공하기 위해서 빅데이터의 본질과 가능성을 정의하는 주요 개념과 용어에 관해 설명한다. 분석 기술에 따른 다양한 데이터 유형의 정의와 더불어 빅데이터 데이터 세트를 구별하는 다양한 특성에 관해 설명한다.

- 제2장에서는 시장과 비즈니스 세계의 근본적인 변화 때문에 기업이 빅데이터를 도입해야만 하는 이유에 대한 답을 찾는다. 빅데이터는 비즈니스 변화와 관련된 기술이 아니다. 기업이 빅데이터로부터 얻은 인사이트에 따라 행동하는 경우에 혁신을 가능하게 한다.

- 제3장에서는 빅데이터가 평소와는 완전히 다른 일이라는 것을 보여주고, 빅데이터를 도입하기로 한 경우 고려해야 할 비즈니스 및 기술 사항들을 다룬다. 이는 빅데이터가 적절히 관리되어야 하는 외부 데이터의 영향에 노출되도록 한다는 점을 강조한다. 마찬가지로 빅데이터 분석 수명주기 때문에 독특한 데이터 처리 요구사항이 발생한다.

- 제4장에서는 기업의 데이터 웨어하우스(data warehouse) 및 비즈니스 인텔리전스(Business Intelligence, BI)에 대한 접근법을 살펴본다. 빅데이터 저장소 및 분석 자원은 기업의 분석 기능을 확장하고 비즈니스 인텔리전스에 의해 제공된 인사이트를 강화하기 위해 기업 성능 평가 도구와 함께 사용될 수 있다는 점을 보여주기 위해 이 방법을 확장한다.

올바르게 사용된 빅데이터는 비즈니스 내부 데이터가 모든 해답을 제공하지 않는다는 전제하에 만들어진 전략적 계획의 일부이다. 다시 말해서 빅데이터는 단순히 기술로 해결할 수 있는 데이터 관리 문제가 아니다. 빅데이터는 빅데이터, 분석 기술, 처리 기술의 조합을 통해 해결할 수 있는 비즈니스 문제에 관한 것이다. 이러한 이유로 비즈니스 중심의 제1부는 기술 중심의 제2부를 위한 기초를 제공한다.

제1장

# 빅데이터의 이해

- 개념과 용어
- 빅데이터 특성
- 다양한 유형의 데이터
- 사례연구 배경

BIG DATA
FUNDAMENTALS

빅데이터는 서로 다른 소스에서 자주 발생하는 대규모 데이터를 분석, 처리, 저장하는 분야이다. 빅데이터 솔루션은 일반적으로 기존의 데이터 분석, 처리, 저장 기술 및 기법들이 충분하지 않을 때 필요하다. 특히, 빅데이터는 서로 관련 없는 여러 데이터 세트의 결합, 대규모 비정형 데이터의 처리 및 숨겨진 정보 수집 등을 주어진 시간 안에 처리하는 것과 같이 요구사항이 뚜렷한 경우를 다룬다.

빅데이터가 새로운 분야로 보일 수 있지만 사실 수년 동안 발전해 왔다. 대규모 데이터 세트의 관리 및 분석은 초기 인구조사의 노동 집약적인 접근에서부터 보험료를 산정하는 보험 회계 과학에까지 이르는 오랜 문제였다. 빅데이터 과학은 이러한 뿌리에서부터 진화했다.

빅데이터는 통계를 기반으로 하는 기존의 분석 방식 외에도 컴퓨터 자원과 분석 알고리즘 실행 방법을 활용하는 새로운 기법들을 추가로 사용한다. 이러한 변화는 데이터 세트가 계속해서 커지고, 더욱 다양하고 복잡해지며, 스트리밍 중심적으로 변함에 따라 중요해졌다. 고대로부터 인구를 추정하기 위해 표본을 추출한 통계적 접근법은 계속해서 사용되어 왔지만, 컴퓨터 과학의 진보로 인해 전체 데이터 세트의 처리가 가능해지면서 이러한 표본 추출이 필요 없어졌다.

빅데이터 데이터 세트 분석은 수학, 통계학, 컴퓨터과학 및 주제 관련 전문 지식을 결합한 학제 간의 노력이다. 이러한 기술과 관점의 혼합은 빅데이터와 그 분석 분야를 구성하는 것이 무엇인지를 혼란스럽게 만들었다. 이는 응답자의 관점에 따라 질문에 대한 답이 달라지기 때문이다. 빅데이터 문제는 소프트웨어 및 하드웨어 기술의 끊임없는 변화와 발전으로 인해 변화하고 있다. 이는 빅데이터의 정의가 데이터 특성이 솔루션 환경 설계에 미치는 영향을 고려했기 때문이다. 30년 전에는 1기가바이트의 데이터가 빅데이터 문제가 될 수 있었으며 특수 목적의 컴퓨팅 자원이 필요했다. 이제는 기가바이트의 데이터는 보편적이며 주변에서 쉽게 찾을 수 있는 기기에 의해 쉽게 전송, 처리 및 저장될 수 있다.

빅데이터 환경 내의 데이터는 일반적으로 애플리케이션, 센서 및 외부 소스를 통해 기업 내에 축적된다. 빅데이터 솔루션으로 처리된 데이터는 기업 애플리케이션에서 직접 사용할 수도 있고 기존 데이터를 풍부하게 하기 위해 데이터 웨어하우스(data warehouse)에 공급할 수도 있다. 빅데이터 처리를 통해 얻은 결과는 다음과 같은 광범위한 인사이트와 이점을 끌어낼 수 있다.

- 운영 최적화
- 실행 가능한 지능
- 새로운 시장의 식별
- 정확한 예측
- 장애 및 사기 탐지
- 보다 자세한 기록
- 향상된 의사결정
- 과학적 발견

분명한 건 빅데이터의 응용과 잠재적 이익이 광범위하다는 것이다. 그러나 빅데이터 분석 방법을 채택할 때 고려해야 할 문제가 많다. 정보에 입각한 의사결정 및 계획을 수립하기 위해서 이러한 문제를 이해하고 예상 이익에 비중을 두어야 한다. 이러한 주제는 제2부에서 별도로 논의할 것이다.

데이터 세트

XML        관계형       이미지
데이터      데이터       파일

▲ **그림 1.1** 데이터 세트는 다양한 형식으로 나타난다.

## 개념과 용어

시작하기에 앞서 몇 가지 기본 개념과 용어를 정의하고 이해할 필요가 있다.

### 데이터 세트

관련 데이터의 모음이나 그룹을 일반적으로 데이터 세트라고 한다. 각 그룹 또는 데이터 세트의 구성요소(자료)는 같은 데이터 세트 내의 다른 구성요소들과 같은 속성 또는 성질을 공유한다. 데이터 세트의 몇 가지 예는 다음과 같다.

- 플랫 파일에 저장된 트윗
- 디렉터리에 있는 이미지 파일 모음
- CSV 파일에 저장된 데이터베이스 테이블에서 추출된 행
- XML 파일로 저장된 과거 날씨 관측치

그림 1.1은 3개의 데이터 형식을 기반으로 하는 3개의 데이터 세트를 보여준다.

### 데이터 분석

데이터 분석(Data Analysis)은 사실, 관계, 패턴, 인사이트, 트렌드(trend)를 찾기 위해 데이터를 검토하는 과정이다. 데이터 분석의 전반적인 목표는 더 나은 의사결정을 지원하는 것이다. 데이터 분석의 간단한 예로는 아이스크림 판매 데이터의 분석을 통해 판매된 아이스크림콘의 수가 일일 온도와 어떤 관계가 있는지 알아내는 것을 들 수 있다. 이러한 분석의 결과는 일기예보 정보와 관련하여 아이스크림을 얼마나 주문해야 하는지

▲ **그림 1.2** 데이터 분석을 나타내는 데 사용되는 기호

에 대한 의사결정을 뒷받침할 것이다. 데이터 분석은 분석 중인 데이터 간의 패턴과 관계를 수립하는 데 도움이 된다. 그림 1.2는 데이터 분석을 나타내는 데 사용되는 기호를 보여준다.

### 데이터 애널리틱스

데이터 애널리틱스(Data Analytics)는 데이터 분석을 포괄하는 더 광범위한 용어이다. 데이터 애널리틱스는 수집, 정리, 구성, 저장, 분석 및 데이터 관리를 포함하는 데이터 수명주기 전체를 관리하는 분야이다. 이 용어는 분석 방법, 과학적 기법 및 자동화된 도구의 개발을 포함한

▲ **그림 1.3** 데이터 애널리틱스를 나타내는 데 사용되는 기호

다. 빅데이터 환경에서 데이터 애널리틱스는 다양한 소스의 대용량 데이터를 분석할 수 있는 확장성이 뛰어난 분산 기술 및 프레임워크를 사용하여 데이터 분석을 수행할 수 있게 해주는 방법을 개발했다. 그림 1.3은 애널리틱스를 나타내는 데 사용되는 기호를 보여준다.

빅데이터 분석 수명주기는 일반적으로 대량의 미가공 데이터, 비정형 데이터를 식별, 조달, 준비 및 분석하여 패턴을 식별하고, 기존 기업 데이터를 풍부하게 하여 대규모 검색을 할 수 있게끔 하는 의미 있는 정보를 추출한다.

서로 다른 조직은 데이터 애널리틱스 도구와 기술을 다른 방식으로 사용한다. 예를 들어, 다음의 세 분야가 있다.

- 비즈니스 중심 환경에서 데이터 애널리틱스의 결과는 운영 비용을 낮추고 전략적 의사결정을 쉽게 한다.
- 과학적 영역에서 데이터 애널리틱스는 현상의 원인을 파악하여 예측의 정확성을 높일 수 있다.
- 공공 부문 조직과 같은 서비스 기반 환경에서 데이터 애널리틱스는 비용을 줄임으로써 고품질 서비스 제공에 주력할 수 있다.

데이터 애널리틱스는 과학적 뒷받침을 통해 데이터 중심의 의사결정이 가능하게 하므로 과거의 경험이나 직관만으로가 아니라 실제 데이터를 바탕으로 의사결정을 내릴 수 있게 해준다. 생성되는 결과에 따라 애널리틱스에는 4개의 일반적인 분석 범주가 있다.

- 서술(descriptive) 분석
- 진단(diagnostic) 분석
- 예측(predictive) 분석
- 처방(prescriptive) 분석

서로 다른 분석 유형은 서로 다른 기법과 분석 알고리즘을 활용한다. 이는 여러 유형의 분석 결과를 쉽게 전달하기 위해서는 서로 다른 데이터, 저장 및 처리 요구조건이 있을 수 있음을 의미한다. 그림 1.4는 가치가 높은 분석 결과를 생성하면 분석 환경의 복잡성과 비용이 증가한다는 사실을 보여주고 있다.

## 서술 분석

서술 분석은 이미 발생한 사건에 대한 질문에 답하기 위해 수행된다. 이러한 형태의 분석은 정보를 생성하기 위해 데이터를 상황에 맞게 조정한다.

샘플 질문에는 다음과 같은 질문이 포함될 수 있다.

- 지난 12개월 동안의 판매량은 얼마인가?
- 심각성 및 지리적 위치별 문의 전화는 몇 건인가?
- 각 판매원이 받은 월간 수수료는 얼마인가?

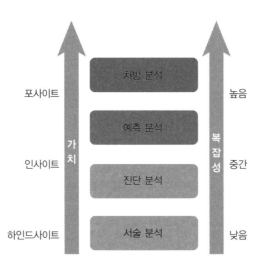

▲ **그림 1.4** 서술 분석에서 처방 분석으로 갈수록 가치와 복잡성이 증가한다.

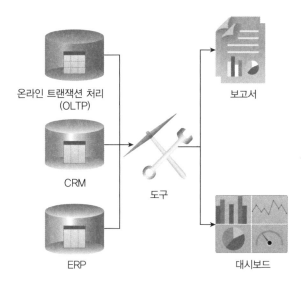

**▲ 그림 1.5** 왼쪽에 묘사된 운영 시스템은, 오른쪽에 묘사된 보고서 또는 대시보드를 생성하기 위해 설명 분석 도구를 통해 쿼리된다.

생성된 분석 결과의 80%는 본질적으로 설명 가능한 것으로 추산된다. 서술 분석은 가장 가치가 떨어지며 상대적으로 기본적인 기술을 필요로 한다.

서술 분석은 그림 1.5에서 볼 수 있듯이 주로 애드혹(ad-hoc) 보고나 대시보드를 통해 수행된다. 보고서는 일반적으로 정적이며 데이터 그리드 또는 차트 형식으로 표시되는 과거 데이터를 보여준다. 쿼리(query)는 고객 관계 관리(Customer Relationship Management, CRM) 또는 전사적 자원 관리(Enterprise Resource Planning, ERP) 시스템과 같은 기업 내에서 작동하는 데이터 저장소에서 실행된다.

### 진단 분석

진단 분석은 사건의 원인에 초점을 둔 질문을 이용하여 과거에 발생한 현상의 원인을 파악하는 것을 목표로 한다. 이러한 형태의 분석의 목표는 어떤 일이 왜 발생했는지 판단하려고 하는 질문에 대답할 수 있도록 현상과 관련된 정보가 무엇인지 결정하는 것이다.

샘플 질문에는 다음과 같은 질문이 포함될 수 있다.

- 2/4분기 판매가 1/4분기 판매보다 적은 이유는 무엇인가?
- 왜 동부 지역이 서부 지역보다 더 많은 문의 전화량이 있었는가?

- 왜 지난 3개월 동안 환자 재입원율이 증가했는가?

진단 분석은 서술 분석보다 더 많은 가치를 제공하지만 더 고급 기술을 필요로 한다. 진단 분석은 대개 여러 소스의 데이터를 수집하고 이를 그림 1.6과 같이 드릴다운(drill-down) 및 롤업(roll-up) 분석을 수행할 수 있는 구조에 저장해야 한다. 진단 분석 결과는 사용자가 추세 및 패턴을 식별할 수 있게 해주는 대화형 시각화 도구를 통해 볼 수 있다. 실행된 쿼리는 서술 분석의 쿼리보다 더 복잡하며 분석 처리 시스템에 보관된 다차원 데이터에 대해 수행된다.

### 예측 분석

예측 분석을 수행하면 미래에 발생할 수 있는 사건의 결과를 알게 된다. 예측 분석은 사건의 결과를 예측하려고 하며, 예측은 과거 및 현재 데이터에서 발견된 패턴, 추세 및 예외를 기반으로 이루어진다. 이는 위험과 기회에 대한 파악으로 이어질 수 있다. 이러한 형태의 분석에는 내부 및 외부 데이터와 다양한 데이터 분석 기법으로 구성된 대규모 데이터 세트가 사용된다. 예측 분석에 사용되는 모델은 과거 사건이 발생한 상황에 대해서 암묵적으로 의존성을 가지고 있음을 이해하는 것이 중요하다. 이러한 기본 조건이 변경되면, 예측을 수행하는 모델을 업데이트해야 한다.

질문은 대개 다음과 같이 what-if 방식을 이용하여 생성된다.

- 특정 고객이 대출에 대해 채무 불이행할 가능성은 어느 정도인가?
- 이러한 고객의 특징은 무엇인가? 예를 들어, 월세를 제대로 내지 못하는가?

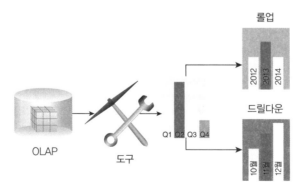

▲ **그림 1.6**  진단 분석을 통해 드릴다운 및 롤업 분석을 수행하는 데 적합한 데이터를 생성할 수 있다.

- 약물 A 대신 약물 B를 투여하면 환자의 생존율은 어떻게 될 것인가?
- 고객이 제품 A와 B를 산 경우 제품 C를 살 가능성은 어느 정도인가?

예측 분석은 서술 분석과 진단 분석보다 더 큰 가치를 제공하지만 더 발전된 고급 기술을 필요로 한다. 그림 1.7에서 볼 수 있듯이 사용된 도구는 사용자 친화적인 프런트엔드(front-end) 인터페이스를 제공하여 통계적 복잡성을 추상화한다.

## 처방 분석

처방 분석은 예측 분석을 기반으로 하며, 어떤 조치를 취해야 할지 처방한다. 여기서는 어떤 처방을 따르는 게 가장 좋을지가 아니라 왜 그 처방을 따라야 하는지가 초점이다. 즉, 처방 분석은 주어진 상황을 이해함으로써 추론할 수 있는 결과를 제공한다. 따라서 이러한 종류의 분석은 이익을 얻거나 위험을 완화하는 데 사용될 수 있다.

다음과 같은 질문을 예로 들 수 있다.

- 세 가지 약 중, 어느 것이 가장 좋은 결과를 제공하는가?
- 특정 주식을 거래하기에 가장 좋은 시기는 언제인가?
- 내 차의 엔진 오일을 언제 교환해야 하는가?*

처방 분석은 다른 어떤 형태의 분석보다 더 많은 가치를 제공하며 이에 따라 전문 소프트

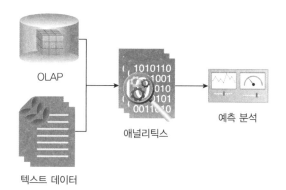

OLAP

애널리틱스

예측 분석

텍스트 데이터

▲ **그림 1.7** 예측 분석 도구는 사용자에게 친숙한 프런트엔드 인터페이스를 제공할 수 있다.

---

＊ 이 예는 역자가 추가로 제시한 것이다.

비즈니스 규칙

OLAP

애널리틱스    처방 분석

텍스트 데이터

▲ **그림 1.8** 처방 분석은 비즈니스 규칙과 내부 및/또는 외부 데이터를 사용하여 심층적인 분석을 수행한다.

웨어 및 도구뿐만 아니라 가장 고급의 기술도 필요로 한다. 다양한 결과가 계산되고 각 결과에 대한 최선의 조치가 제안된다. 분석의 접근 방식이 설명의 형태에서 자문의 형태로 바뀌면서 다양한 시나리오의 시뮬레이션을 포함할 수 있게 되었다.

이러한 종류의 분석은 내부 데이터와 외부 데이터를 통합한다. 내부 데이터에는 현재 및 과거 판매 데이터, 고객 정보, 제품 데이터 및 비즈니스 규칙이 포함될 수 있다. 외부 데이터에는 소셜 미디어 데이터, 일기예보 및 정부에서 생산한 인구통계 데이터가 포함될 수 있다. 그림 1.8에서 볼 수 있듯이, 처방 분석은 비즈니스 규칙과 많은 양의 내부 및 외부 데이터를 사용하여 결과를 시뮬레이션하고 최상의 행동 방침을 규정한다.

## 비즈니스 인텔리전스

비즈니스 인텔리전스(Business Intelligence, BI)는 조직이 비즈니스 프로세스 및 정보 시스템에서 생성된 데이터를 분석함으로써 기업의 성과에 대한 인사이트를 얻을 수 있게 한다. 분석 결과는 발견된 문제를 해결하는 방향으로 비즈니스를 운영하거나 조직의 성과를 높이기 위해 경영진에 의해 사용될 수 있다. BI는 분석 쿼리를 실행하기 위해, 일반적으로 기업 데이

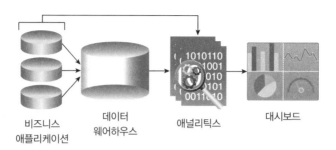

▲ **그림 1.9** BI는 비즈니스 애플리케이션을 향상하고 데이터 웨어하우스의 데이터를 통합하며 대시보드를 통해 쿼리를 분석하는 데 사용할 수 있다.

터 웨어하우스에 통합된, 기업 전반에 걸친 대량의 데이터를 분석한다. 그림 1.9에서 보이는 것과 같이, BI의 결과를 대시보드에 표시하여 관리자가 결과에 접근하고 분석할 수 있게끔 해, 잠재적으로 분석 쿼리를 수정하여 데이터를 더욱 자세히 탐색할 수 있다.

## 핵심 성과 지표

핵심 성과 지표(Key Performance Indicator, KPI)는 특정 비즈니스 상황에서 성공을 측정하는 데 사용할 수 있는 지표이다. KPI는 기업의 전반적인 전략 목표 및 목적과 연결되어 있다. 이는 주로 비즈니스 성과 문제를 식별하고 규정 준수를 입증하는 데 사용된다. 따라서 KPI는 비즈니스의 전반적인 성과를 측정하기 위한 정량화가 가능한 기준점 역할을 한다. KPI는 주로 그림 1.10과 같이 KPI 대시보드를 통해 표시된다. 대시보드는 여러 KPI를 통합하여 표시하고 실제 측정 값을 KPI의 수용 가능 범위를 정의하는 임계 값과 비교한다.

KPI 대시보드

▲ **그림 1.10** KPI 대시보드는 비즈니스 성과를 측정하기 위한 기준점 역할을 한다.

▶ **그림 1.11** 빅데이터의 5V

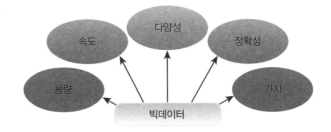

## 빅데이터 특성

데이터 세트가 빅데이터로 간주되기 위해서는 솔루션 디자인 및 분석 환경의 아키텍처에서 필요한 하나 이상의 특성이 있어야 한다. 이러한 데이터 특성의 대부분은 2001년 초 Doug Laney가 전자 상거래 데이터의 용량(volume), 속도(velocity) 및 다양성(variety)이 기업 데이터 웨어하우스에 미치는 영향을 설명하는 문서를 게시하면서 확인되었다. 이 목록에 정형 데이터와 비교하여 비정형 데이터의 신호 대 잡음 비율이 낮은 걸 설명하기 위해서 정확성(veracity)도 추가되었다. 궁극적으로, 목표는 데이터 분석을 통해 고품질의 결과가 시기적절하게 전달되어 기업에 최적의 가치를 제공하는 것이다.

이 절에서는 '빅(Big)'으로 분류된 데이터를 다른 데이터 형식과 구별하는 데 사용할 수 있는 다섯 가지 빅데이터 특성을 살펴본다. 그림 1.11의 다섯 가지 빅데이터 특성은 일반적으로 5V로 불린다.

- 용량(volume)
- 속도(velocity)
- 다양성(variety)
- 정확성(veracity)
- 가치(value)

### 용량

빅데이터 솔루션에 의해 처리되는 예상 데이터량은 상당할뿐더러 지속적으로 증가하고 있다. 대용량의 데이터는 별도의 데이터 저장 및 처리는 물론 추가 데이터 준비, 선별 및 관리

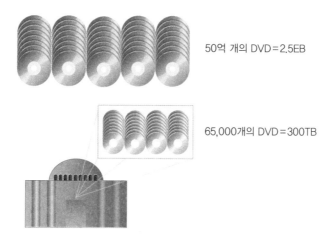

50억 개의 DVD=2.5EB

65,000개의 DVD=300TB

▲ **그림 1.12**   전 세계 조직 및 사용자들은 하루 2.5EB 이상의 데이터를 생성한다. 이와 대비해서, 미국 의회 도서관은 현재 300TB 이상의 데이터를 보유하고 있다.

프로세스를 요구한다. 그림 1.12는 전 세계의 조직 및 사용자가 매일 대량으로 생성하는 데이터를 시각적으로 보여준다.

대용량 데이터를 생성하는 전형적인 데이터 소스에는 다음과 같은 소스들이 포함될 수 있다.

- 판매 시점 및 은행 업무와 같은 온라인 거래
- 대형 강입자 충돌기(Large Hadron Collider, LHC) 및 아타카마 대형 밀리미터/서브 밀리미터 배열 망원경(Atacama Large Millimeter/Submillimeter Array teleschope, ALMA)과 같은 과학 연구 실험
- GPS 센서, RFID, 스마트 미터 및 텔레매틱스와 같은 센서
- 페이스북과 트위터와 같은 소셜 미디어

## 속도

빅데이터 환경에서 데이터는 빠른 속도로 도달할 수 있으며 엄청난 크기의 데이터 세트가 매우 짧은 기간 내에 축적될 수 있다. 기업의 관점에서 볼 때, 데이터의 속도는 데이터가 기업의 경계 안에 들어가서 처리되는 데까지 걸리는 시간을 의미한다. 데이터의 빠른 유입에 대처하기 위해 기업은 탄력적이면서 사용 가능한 데이터 처리 솔루션과 이에 상응하는 데이터 저장 능력을 설계해야 한다. 데이터 소스에 따라 속도가 항상 높지 않을 수도 있다. 예를 들

▲ **그림 1.13**   매 순간 생성되는 고속 빅데이터 데이터 세트의 예로는 트윗, 비디오, 이메일 및 제트엔진에서 생성된 GB가 있다.

어, MRI 스캔 이미지는 트래픽이 많은 웹 서버의 로그 항목만큼 자주 생성되지 않는다. 그림 1.13에서 볼 수 있듯이 데이터 속도는 1분 안에 다음과 같은 데이터량이 쉽게 생성될 수 있으므로 중요하다: 35만 개의 트윗, YouTube에 업로드된 300시간 분량의 비디오, 1억 7,100만 개의 이메일 및 330GB의 센서 데이터.

## 다양성

데이터 다양성은 빅데이터 솔루션에서 지원해야 하는 여러 형식과 여러 데이터 유형을 의미한다. 데이터 다양성은 데이터 통합, 변환, 처리 및 저장과 관련하여 기업에 어려움을 초래한다. 그림 1.14는 금융 거래 형태의 정형 데이터, 이메일 형태의 반정형 데이터 및 이미지 형태의 비정형 데이터를 포함하는 데이터 다양성을 시각적으로 나타내고 있다.

▲ **그림 1.14**   다양한 빅데이터 데이터 세트의 예로는 정형, 텍스트, 이미지, 비디오, 오디오, XML, JSON, 센서 데이터 및 메타데이터가 있다.

## 정확성

데이터 정확성은 데이터의 품질 또는 신뢰성을 나타낸다. 빅데이터 환경에 들어가는 데이터는 품질에 대한 평가가 필요하며, 이로 인해 무효 데이터를 해결하고 잡음을 제거하는 데이터 처리 활동으로 이어질 수 있다. 정확성과 관련하여, 데이터는 데이터 세트의 신호 또는 잡음 일부일 수 있다. 잡음은 정보로 변환될 수 없으므로 가치가 없는 반면 신호는 가치가 있으며 의미 있는 정보로 이어진다. 신호 대 잡음 비율이 높은 데이터는 비율이 낮은 데이터보다 정확성이 더 높다. 온라인 고객 등록과 같은 제어된 방식으로 수집된 데이터는 블로그 게시물과 같은 제어되지 않은 소스를 통해 얻은 데이터보다 일반적으로 잡음이 적다. 따라서 데이터의 신호 대 잡음 비율은 데이터 소스 및 유형에 따라 다르다.

## 가치

가치는 기업에 대한 데이터의 유용성으로 정의된다. 가치는 직관적으로 정확성과 관련이 있다. 데이터 정확성이 높을수록 비즈니스에 더 높은 가치를 가져다준다. 분석 결과가 유효기간을 갖기 때문에 가치는 데이터 처리 시간에 좌우된다. 예를 들어 20분 지연된 주식 시세는 20밀리초 지난 주식 시세와 비교할 때 거래할 가치가 거의 없거나 적다. 앞서 설명했듯이, 가치와 시간은 반비례 관계를 맺고 있다. 데이터를 의미 있는 정보로 변환하는 데 시간이 오래 걸릴수록 비즈니스 가치는 낮아진다. 오래전에 도출된 결과는 정보에 근거한 의사결정의 품질과 속도를 저해한다. 그림 1.15는 데이터의 정확성과 생성된 분석 결과의 적시성이 가치

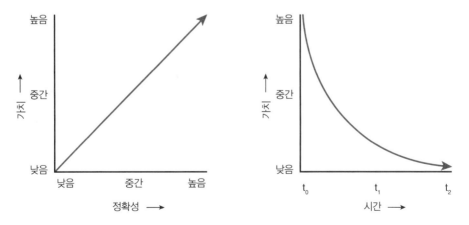

▲ **그림 1.15** 정확성이 높고 신속하게 분석할 수 있는 데이터는 비즈니스 가치가 더 높다.

에 미치는 영향을 2개의 그림을 통해 보여주고 있다.

정확성과 시간 외에도 가치는 다음과 같은 수명주기 관련 요소의 영향을 받는다.

- 데이터가 얼마나 잘 저장되었는가?
- 데이터 정제 중 데이터의 중요한 속성이 제거되었는가?
- 데이터 분석 중 올바른 유형의 질문이 제기되고 있는가?
- 분석 결과가 적절한 의사결정자에게 정확하게 전달되고 있는가?

## 다양한 유형의 데이터

빅데이터 솔루션으로 처리되는 데이터는 인간이나 기계에 의해 생성될 수 있지만, 분석 결과를 생성하는 것은 궁극적으로 기계의 책임이다. 인간에 의해 생성된 데이터는, 온라인 서비스 및 디지털 장치와 같은, 시스템과 인간의 상호작용 결과이다. 그림 1.16은 인간에 의해 생성된 데이터의 예를 보여주고 있다.

기계에서 생성된 데이터는 실제 사건에 대한 응답으로 소프트웨어 프로그램 및 하드웨어 장치에 의해 생성된다. 예를 들어, 로그 파일은 보안 서비스에 의한 권한 결정을 포착하고, 판매 시점 관리(Point-of-sale, POS) 시스템은 고객이 구매한 항목을 재고에서 제거하는 거래를 생성한다. 하드웨어 관점에서 볼 때, 기계에서 생성된 데이터의 예로는 위치와 신호 강도와 같은 정보를 보고할 수 있는 휴대폰의 수많은 센서에서 전달되는 정보가 있다. 그림 1.17은

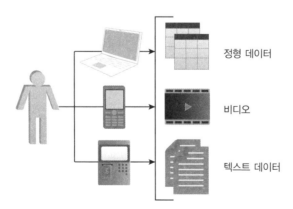

정형 데이터

비디오

텍스트 데이터

▲ **그림 1.16** 인간에 의해 생성된 데이터의 예로는 소셜 미디어, 블로그 게시물, 이메일, 사진 공유 및 메시지 전송 데이터가 있다.

▲ **그림 1.17**　기계에서 생성된 데이터의 예로는 웹 로그, 센서 데이터, 원격 측정 데이터, 스마트 미터 데이터 및 기기 사용 데이터가 있다.

여러 유형의 기계에서 생성된 데이터를 시각적으로 보여주고 있다.

앞서 설명했듯이, 인간에 의해 생성된 데이터와 기계에서 생성된 데이터는 다양한 소스에서 나올 수 있으며 다양한 형식이나 유형으로 표현될 수 있다. 이 절에서는 빅데이터 솔루션에서 처리하는 다양한 데이터 형식을 살펴본다. 주요 데이터 유형은 다음과 같다.

- 정형 데이터
- 비정형 데이터
- 반정형 데이터

이 데이터 유형들은 데이터의 내부 구성을 지칭하며 데이터 형식이라고도 한다.

### 정형 데이터

정형 데이터는 데이터 모델 또는 스키마(schema)를 따르며 주로 테이블 형식으로 저장된다. 이는 서로 다른 개체 간의 관계를 포착하는 데 사용되므로 주로 관계형 데이터베이스에 저장된다. 정형 데이터는 ERP 및 CRM 시스템과 같은 기업 애플리케이션 및 정보 시스템에서 자주 생성된다. 정형 데이터를 지원하는 도구와 데이터베이스가 풍부하므로 처리나 저장과 관련하여 특별히 고려할 필요가 거의 없다. 이러한 유형의 데이터의 예로는 은행 거래, 송장 및 고객 기록 정보가 있다. 그림 1.18은 정형 데이터를 나타내는 데 사용되는 기호를 보여주고 있다.

▲ **그림 1.18** 테이블 형식으로 저장된 정형 데이터를 나타내는 데 사용되는 기호

## 비정형 데이터

데이터 모델 또는 데이터 스키마를 따르지 않는 데이터를 비정형 데이터라고 한다. 기업 내의 데이터의 80%는 비정형 데이터가 차지하는 것으로 추산된다. 비정형 데이터는 정형 데이터보다 빠른 성장률을 보인다. 그림 1.19는 일반적인 비정형 데이터 유형들을 보여준다. 이 형태의 데이터는 텍스트 또는 이진 형태이며, 주로 독립적이거나 비관계형 파일을 통해 전달된다. 텍스트 파일에는 다양한 트윗이나 블로그 글의 내용이 포함될 수 있다. 이진 파일은 주로 오디오 또는 비디오 데이터가 포함된 미디어 파일이다. 엄밀히 말하면, 텍스트 파일과 이진 파일 모두 파일 형식 자체로 정의된 구조를 갖지만 이 측면은 무시되며, 비정형이라고 불리는 이유는 파일 자체에 포함된 데이터 형식과 관련이 있다.

비정형 데이터를 처리하고 저장하는 데 특수 목적 논리가 일반적으로 필요하다. 예를 들어 비디오 파일을 재생하려면 올바른 코덱이 있어야 한다. 비정형 데이터는 직접 처리하거나 SQL(Structured Query Language)을 사용하여 질의할 수 없다. 만약에 비정형 데이터를 관계형 데이터베이스에 저장해야 하면 이진 대형 객체(Binary Large Object, BLOB) 형태로 테이블에 저장된다. 또는 비관계형 데이터베이스인 NoSQL(Non-Structured Query Language) 데이터베이스에 정형 데이터와 함께 비정형 데이터를 저장할 수 있다.

## 반정형 데이터

반정형 데이터는 구조가 정의되어 있고 일관성을 가지고 있지만 본질적으로 관계형은 아니

비디오　　　이미지 파일　　　오디오

▲ **그림 1.19** 비디오, 이미지 및 오디오 파일은 모두 비정형 데이터다.

XML 데이터    JSON 데이터    센서 데이터

▲ **그림 1.20**  XML, JSON 및 센서 데이터는 반정형 데이터다.

다. 대신, 반정형 데이터는 계층적이거나 그래프 기반이다(페이스북이나 카카오톡 같은 소셜 네트워크 — 역주). 이러한 종류의 데이터는 일반적으로 텍스트가 포함된 파일에 저장된다. 예를 들면, 그림 1.20은 XML 및 JSON 파일이 반정형 데이터의 일반적인 형태임을 보여준다. 이 데이터 형태의 텍스트적 특성과 일부 수준의 구조에 대한 적합성으로 인해 비정형 데이터보다 처리가 더 쉽다. 반정형 데이터의 일반적인 소스로는 전자 데이터 교환(electronic data interchange, EDI) 파일, 스프레드시트, RSS 피드 및 센서 데이터가 있다. 특히 기본 형식이 텍스트 기반이 아닌 경우, 반정형 데이터는 주로 특수한 전처리 및 저장 요구사항을 가진다. 반정형 데이터에 대한 전처리의 예로는 XML 파일의 유효성을 검사하여 스키마 정의와 일치하는지 확인하는 것을 들 수 있다.

## 메타데이터

메타데이터는 데이터 세트의 특성 및 구조에 대한 정보를 제공한다. 이 유형의 데이터는 대부분 기계에서 생성되며 데이터에 추가될 수 있다. 메타데이터의 추적은 빅데이터 처리, 저장 및 분석에 있어 중요하다. 왜냐하면 처리 과정에서 데이터의 출처에 대한 정보를 제공하기 때문이다. 메타데이터의 예로는 다음과 같은 게 있다.

▲ **그림 1.21**  메타데이터를 나타내는 데 사용되는 기호

- 문서 작성자와 작성 날짜에 대한 정보를 제공하는 XML 태그
- 디지털 사진의 파일 크기와 해상도를 제공하는 속성들

빅데이터 솔루션은 반정형 데이터와 비정형 데이터를 처리할 때 메타데이터에 의존한다. 그림 1.21은 메타데이터를 나타내는 데 사용되는 기호를 보여주고 있다.

## 사례연구 배경

엔슈어 투 인슈어(Ensure to Insure, ETI)*는 건강, 건물, 해양 및 항공 분야에서 전 세계 2,500만 명의 고객에게 다양한 보험 상품을 제공하는 선도적인 보험회사다. 이 회사는 약 5,000명의 직원으로 구성되어 있으며 연간 3억 5,000만 달러 이상의 매출을 올리고 있다.

### 역사

ETI는 50년 전 독점적인 건강보험 제공자로 시작했다. 지난 30년 동안 여러 번의 인수를 통해 ETI는 건물, 해상 및 항공 부문에서 재산 및 상해보험 상품을 포함하도록 서비스를 확장했다. ETI의 4개 사업 부문은 전문적이고 경험이 풍부한 중개인, 계리사, 심사역 및 손해사정사로 구성된 핵심 팀으로 각각 구성된다.

중개인은 판매 증권을 통해 회사의 수익을 창출하며, 계리사는 위험 평가를 담당하고 새로운 보험 상품을 기획하고 기존 계획을 수정한다. 또한 계리사는 what-if 분석을 수행하고 시나리오 평가를 위해 대시보드 및 기록표를 사용한다. 심사역은 새로운 보험 신청을 평가하고 보험료를 결정한다. 손해사정사는 보험 청구를 조사하고 보험 계약자의 합의금을 지정한다.

ETI의 주요 부서에는 보험 발행, 청구서 해결, 고객 관리, 법률, 마케팅, 인사, 회계 및 IT 부서가 있다. 이메일과 소셜 미디어를 통한 연락이 지난 몇 년 동안 기하급수적으로 증가했지만, 여전히 잠재 고객과 기존 고객 모두 전화로 ETI의 고객 관리 부서에 연락하는 경우가 대부분이다.

ETI는 경쟁력 있는 보험 증권과 보험 판매 이후에도 끝나지 않는 프리미엄 고객 서비스를 제공함으로써 차별화를 하기 위해 노력한다. ETI의 경영진은 이렇게 함으로써 고객 확보 및 유지 수준을 향상하는 데 도움이 된다고 믿는다. ETI는 고객의 요구를 반영한 보험 상품을 기획하기 위해 계리사들에게 크게 의존한다.

### 기술 인프라 및 자동화 환경

ETI의 IT 환경은 보험 증서 견적, 보험 증서 관리, 청구 관리, 위험 평가, 문서 관리, 청구서

---

*   사례연구를 위해 만들어진 가상의 회사

작성, ERP 및 CRM을 포함하는 여러 시스템의 실행을 지원하는 클라이언트 서버와 메인 프레임 플랫폼의 조합으로 구성된다.

보험 증서 견적 시스템은 새로운 보험 상품을 작성하고 잠재 고객에게 견적을 제공하는 데 사용된다. 그리고 웹 사이트 방문자와 고객 관리 담당자가 보험 견적을 조회할 수 있도록 웹 사이트 및 고객 관리 포털과 통합되어 있다. 보험 증서 관리 시스템은 보험의 발행, 갱신, 연장 및 취소를 포함하는 보험 증서 수명주기 관리의 모든 측면을 처리한다. 청구 관리 시스템은 청구 처리 활동을 다룬다.

청구서는 보험 계약자가 신고할 때 등록되며, 청구서가 제출된 시점에서의 가용 정보와 내부 및 외부 소스에서 얻은 다른 배경 정보를 이용해 손해사정사가 청구서를 분석한다. 분석된 정보를 기반으로 청구는 특정 비즈니스 규칙에 따라 처리된다. 위험 평가 시스템은 계리사가 폭풍우나 홍수와 같은, 보험 계약자가 보험금을 청구할 수 있는 잠재적 위험 상황을 평가하는 데 사용된다. 위험 평가 시스템은 다양한 수학 및 통계 모델이 포함되는 확률 기반 위험 평가를 가능하게 한다.

문서 관리 시스템은 보험 증서, 청구서, 스캔된 문서 및 고객 서신을 비롯한 모든 종류의 문서를 관리하는 중앙 저장소 역할을 한다. 요금부과 시스템(billing system)은 고객의 보험료를 추적하고 이메일 및 우편을 통해 지급하지 못한 고객에게 다양한 알림을 제공한다. ERP 시스템은 인적 자원 관리 및 거래와 같은 ETI의 일상적인 운영에 사용된다. CRM 시스템은 전화, 이메일 및 우편을 포함하는 고객과의 의사소통의 모든 측면을 기록하고 콜센터 에이전트를 위해 고객 문의를 처리할 수 있는 포털을 제공한다. 그뿐만 아니라 마케팅팀이 마케팅 캠페인을 기획, 운영 및 관리할 수 있게끔 해준다. 이러한 운영 시스템의 데이터는 재무 분석 및 성능 분석을 위한 보고서를 생성하는 기업 데이터 웨어하우스(Enterprise Data Warehouse, EDW)로 내보내진다. 또한 EDW는 지속적인 규제 준수를 보장하기 위해 여러 규제기관에 대한 보고서를 생성하는 데도 사용된다.

## 비즈니스 목표 및 장애물

지난 수십 년간 회사의 수익성은 떨어졌다. 이에 대해 조사와 권고를 하기 위해 고위 임원으로 구성된 위원회가 구성되었다. 위원회의 조사 결과에 따르면 회사의 재무 건전성이 악화한 주원인은 사기성 청구 건수가 증가하고 그에 대한 보험금이 늘어났기 때문이다. 이러한 조사 결과에 따르면 사기범들은 더 정교해지고 조직화되었기 때문에 사기 행위는 더 복잡하고 찾기 어려워졌다. 직접적인 금전적 손실을 피하는 것 외에도 사기성 청구의 처리와 관련된 비용은 간접적인 손실을 준다.

또 하나의 중요한 요인은 홍수, 폭풍 및 전염병과 같은 재난의 발생이 급증하면서 고가의 청구가 증가했다. 수익 감소의 또 다른 이유는 느린 청구서 처리로 인한 고객 이탈과 더는 고객의 요구에 맞지 않는 보험 상품이 있다. 후자의 경우, 맞춤식 보험 증권을 제공하기 위해 텔레매틱스를 사용하는 경쟁자의 출현 때문에 이러한 약점이 노출되었다.

위원회는 기존 규정이 변경되고 새로운 규정이 도입되는 빈도가 최근에 증가했다고 지적했다. 유감스럽게도 회사의 대응 속도가 느렸으며 완전하고 지속적인 규정 준수를 보장하지 못했다. 이러한 단점 때문에 ETI는 많은 벌금을 내야 했다.

위원회는 회사의 재무 실적이 좋지 않은 또 다른 이유는 철저한 위험 평가 없이 보험 상품이 만들어지고 보험 증서가 수립된다는 점이라고 지적했다. 이로 인해 잘못된 보험료가 설정되고 예상보다 많은 보험금이 지급되었다. 현재 징수된 보험료와 보험금 간의 부족액은 투자 수익으로 보상되고 있다. 그러나 이러한 방법은 장기적인 해결책은 아니다. 또한 보험 상품은 계리사의 전반적인 경험과 전체 인구에 대한 분석을 바탕으로 하여 평균에 해당하는 고객에게만 적용되는 보험 계획을 수립한다. 상황이 일반적인 경우와 다른 고객은 그러한 보험에 관심이 없다.

앞서 언급한 이유는 ETI의 주가 하락과 시장점유율 감소의 원인이기도 하다.

위원회의 조사 결과를 토대로 ETI의 이사들은 다음과 같은 전략 목표를 설정했다.

1. 손실을 줄이기 위해 (a) 새로운 보험 증권 개발 및 신규 계약 시에 실시하는 위험 평가를 개선하고, 위험 완화를 극대화하고, (b) 재난으로 인한 잠재적 손해배상 청구의 수를 줄이는 사전 대처형 재난 관리 시스템을 구현하고, (c) 사기성 청구를 탐지한다.

2. 고객 이탈을 줄이고 고객 유지율을 향상하기 위해 (a) 청구서를 신속하게 처리하고 (b) 인구 통계학적 일반화보다는 개인적인 상황에 기초한 개인화된 경쟁적인 보험 상품을 개발한다.

3. 대다수 규정은 이를 준수하기 위해 위험에 대한 정확한 지식을 요구하기 때문에, 위험을 더 잘 예측할 수 있는 위험 관리 기법을 채택하여 항상 모든 규정을 준수하고 유지

할 수 있게 한다.

IT팀과 상의한 후, 위원회는 다양한 비즈니스 프로세스가 관련 내부 및 외부 데이터를 고려하는 방식으로 여러 비즈니스 기능에 적용할 수 있는 향상된 분석 기능을 갖춘 데이터 기반 전략 채택을 권장했다. 이렇게 함으로써 의사결정은 경험과 직감만이 아니라 증거에 근거할 수 있다. 특히 대량의 비정형 데이터로 대량의 정형 데이터를 보강하는 것은 자세하고 적절한 데이터 분석을 지원하기 위해 꼭 필요하다.

위원회는 앞서 언급한 전략의 실행을 방해할 수 있는 장애물이 있는지 IT팀에 문의했다. IT팀은 운영하는 데 있어 발생하는 재정적 제약에 대해 상기했고 다음과 같은 장애 요소를 강조하는 타당성 보고서를 준비했다.

- 내부 및 외부 데이터 소스의 비정형 데이터 수집, 저장 및 처리 — 기존 기술은 비정형 데이터의 저장 및 처리를 지원하지 않기 때문에 현재는 정형 데이터만 저장되고 처리되고 있다.
- 적시에 많은 양의 데이터 처리 — EDW는 과거 데이터를 기반으로 보고서를 생성하는 데 사용되지만, 처리되는 데이터의 양은 많다고 분류할 수 없으며 보고서를 생성하는 데 오랜 시간이 걸린다.
- 여러 유형의 데이터 처리 및 정형 데이터와 비정형 데이터의 결합 — 비정형이라는 특성 때문에 현재 처리할 수 없는 텍스트 문서 및 콜센터 로그와 같은 여러 유형의 비정형 데이터가 생성된다. 두 번째로, 현재 모든 정형 데이터의 분석을 별도의 부서에서 개별적으로 하고 있다.

IT팀은 설정된 목표 달성을 지원하기 위해 ETI가 이러한 장애를 극복하는 주요 수단으로 빅데이터를 이용할 것을 권고하였다.

**사례연구**

ETI는 전략 목표의 구현을 위해 빅데이터를 사용하기로 했지만 ETI는 사내 빅데이터 기술을 보유하고 있지 않기 때문에 빅데이터 컨설턴트를 채용하거나 IT팀을 빅데이터 교육에 보내야 한다. 후자가 선택되었다. 그러나 비용 효율적이며 장기적인 솔루션을 기대하며 시니어 IT 팀원들만 교육에 보내졌다. 훈련된 팀원들은 언제든지 자문할 수 있는 영구 사내 빅데이터 자원이 되며, 후임 팀원들을 교육하여 사내 빅데이터 기술력을 향상할 수 있다.

빅데이터 교육을 받은 훈련된 팀원들은 빅데이터에 관해 이야기할 때 용어를 통일시켜 팀원 모두가 같은 이야기를 할 수 있게 해야 한다고 강조했다. 예제 중심 접근 방식이 채택되었다. 데이터 세트에 대해 논의할 때 팀 구성원이 지적한 관련 데이터 세트에는 청구, 증권, 견적, 고객 프로필 데이터 및 인구통계 데이터가 포함됐다. 데이터 분석 및 데이터 분석 개념은 신속하게 이해할 수 있지만, 비즈니스 경험이 거의 없는 팀 구성원 중 일부는 BI를 이해하고 적절한 KPI를 수립하는 데 어려움을 겪을 수 있다. 훈련된 IT팀원 중 한 명은 전월 실적을 평가하는 월별 보고서 생성 프로세스를 예로 들어 BI를 설명한다. 이 과정은 운영 시스템에서 EDW로 데이터를 가져와 판매된 보험 및 제출된, 처리된, 승인된 그리고 거절된 청구서와 같은 KPI를 생성하고 이를 여러 대시보드 및 기록표에 표시하는 과정을 포함한다.

분석 면에서, ETI는 서술 분석 및 진단 분석을 모두 사용한다. 서술 분석에서는 매일 판매되는 보험의 수를 결정하기 위해 보험 관리 시스템에 질의요청을 하고, 매일 제출되는 청구서의 수를 확인하기 위해 청구 관리 시스템에 질의요청을 하고, 그리고 얼마나 많은 고객이 보험료를 지급하지 못했는지 파악하기 위해 요금부과 시스템에 쿼리를 날린다. 진단 분석은 BI 활동의 일부로 수행되며, 왜 지난달 판매 목표가 충족되지 않았는지와 같은 질문에 응답하기 위해 쿼리를 수행한다. 여기에는 특정 유형의 보험 증권에 대해 실적이 저조한 지역을 파악할 수 있도록 유형 및 지역별로 매출을 세분화하는 드릴다운 작업이 포함된다.

ETI는 현재 예측 분석이나 처방 분석을 이용하지 않는다. 그러나 빅데이터를 채택하면 이러한 유형의 분석을 수행할 수 있게 될 것이다. 빅데이터를 이용하면 비정형 데이터를 다룰 수 있게 되는데, 이를 정형 데이터와 결합하면 이러한 유형의 분석을 지원하는 풍부한 자원이 되기 때문이다. ETI는 먼저 예측 분석을 구현한 다음 처방 분석을 구현할 수 있게끔 하는 기능을 천천히 구축함으로써 점차 이 두 가지 유형의 분석을 구현하기로 했다.

이 단계에서 ETI는 목표 달성을 지원하기 위해 예측 분석을 활용할 계획이다. 예를 들어, 예측 분석을 통해 사기성 청구를 예측하여 사기성 청구를 탐지할 수 있고, 이탈의 가능성이 있는 고객을 예측하여 고객 이탈을 탐지할 수 있다. 미래에는 처방 분석을 통해 ETI가 목표 실현 가능성을 더욱 향상할 것으로 기대한다. 예를 들어, 처방 분석은 모든 위험 요소를 고려하여 올바른 보험료를 처방하거나, 홍수 또는 폭풍과 같은 재난에 직면했을 때 보험 청구를 완화하기 위한 최선의 조치를 처방할 수 있다.

## 데이터 특성 식별

IT팀 구성원들은 ETI 내부에서 생성된 여러 데이터 세트뿐만 아니라 용량, 속도, 다양성, 정확성 및 가치 특성의 맥락에서 회사가 관심을 가질 수 있는 ETI 외부에서 생성된 다른 데이터를 측정하려고 한다. 팀 구성원은 차례대로 각 특성을 가져와서 그 특성이 서로 다른 데이터 세트에서 어떻게 나타나는지 토론한다.

### 용량

팀은 회사 내에서 청구서 처리, 새로운 보험 증권 판매 및 기존 보험 증권 변경으로 많은 양의 거래 데이터가 생성된다고 지적했다. 그러나 빠른 논의를 통해 회사 내부 및 외부의 대량의 비정형 데이터가 ETI가 목표를 달성하는 데 도움이 될 수 있음을 알 수 있었다. 이 데이터에는 건강 기록, 계약 신청서를 제출할 때 고객이 제출한 문서, 부동산 세금 신고서, 차량 데이터, 소셜 미디어 데이터 및 기상 데이터가 포함된다.

### 속도

데이터의 유입과 관련하여 일부 데이터는 제출된 청구 데이터 및 새 보험 증서에서 발생한 데이터와 같이 저속 데이터이다. 그러나 웹 서버 로그 및 보험 견적과 같은 데이터는 고속 데이터이다. IT팀원들은 회사 외부 데이터 중에는 소셜 미디어 데이터와 날씨 데이터가 빠른 속도로 발생할 것으로 예상한다. 또한 재난 관리 및 사기성 청구 발견의 경우 손실을 최소화하기 위해 합리적이고 신속하게 데이터를 처리해야 할 것으로 예상한다.

### 다양성

목표를 달성하기 위해, ETI는 건강 기록, 보험 증서 데이터, 청구 데이터, 견적 데이터, 소셜 미디어 데이터, 콜센터 상담원들의 메모, 손해사정사들의 메모, 사건 현장 사진, 기상 보고서, 인구통계 데이터, 웹 서버 로그 및 이메일 등을 포함하는 일련의 데이터 세트를 통합해야 할 것이다.

### 정확성

운영 시스템 및 EDW에서 취한 데이터 샘플을 통해 ETI 데이터의 비교적 높은 정확성을 확인하였다. IT팀은 이를 데이터 입력 시 검증, 기능 수준에서 입력의 검증과 같은 응용 프로그램이 데이터를 처리하는 다양한 시점에서의 검증, 그리고 데이터베이스에 의해 수행되는 검증의 결과로 본다. ETI의 외부에서 보면, 소셜 미디어 데이터 및 날씨 데이터에서 가져온 몇 가지 샘플을 조사한 결과, 정확성이 떨어짐을 알 수 있다. 이러한 데이터는 높은 데이터 정확성을 갖기 위해 데이터 검증 및 정제 수준을 높여야 한다.

### 가치

데이터의 가치 특성과 관련하여, IT팀의 모든 구성원은 데이터 세트를 원래 형식으로 저장하고 올바르게 분석해서, 사용 가능한 데이터 세트에서 최대한의 가치를 끌어내야 한다고 생각한다.

### 데이터 유형 식별

IT팀의 구성원들은 지금까지 확인된 다양한 데이터 세트의 분류 작업을 수행하고 다음 목록을 작성했다.

- 정형 데이터 : 보험 증서 데이터, 청구 데이터, 고객 프로필 데이터 및 견적 데이터.
- 비정형 데이터 : 소셜 미디어 데이터, 보험 신청 데이터, 콜센터 상담원들의 메모, 손해 사정사들의 메모 및 사건 현장 사진.
- 반정형 데이터 : 건강 기록, 고객 프로필 데이터, 기상 보고서, 인구통계 데이터, 웹 서버 로그 및 이메일

메타데이터는 ETI에게는 새로운 개념으로, 현재 ETI의 데이터 관리 절차는 메타데이터를 생성하거나 첨부하지 않는다. 또한 현재의 데이터 처리 기법은 메타데이터가 존재하더라도 이를 고려하지 못한다. IT팀이 지적한 이유 중 하나는 현재 저장되고 처리되는 거의 모든 데이터가 본질적으로 정형적 형태이고 회사 내부에서 비롯된 데이터이기 때문이라는 것이다. 따라서 데이터의 기원과 특성은 단지 암묵적으로 알려져 있다. 팀 구성원들은 정형 데이터의 경우 데이터 사전, 갱신된 타임스탬프 및 마지막으로 갱신된 사용자 ID 열을 메타데이터로 사용할 수 있음을 알게 되었다.

제2장

# 빅데이터 도입을 위한
# 사업 동기 및 동인

- 시장 역학
- 비즈니스 아키텍처
- 비즈니스 프로세스 관리
- 정보통신기술
- 만물인터넷

B I G   D A T A
F U N D A M E N T A L S

이제는 비즈니스 아키텍처도 기술 아키텍처와 같이 구성되는 분위기이다. 이러한 관점의 변화는 과거 기술 아키텍처에 맞추어 설계된 기업 아키텍처의 범위가 비즈니스 아키텍처까지 포함하는 방향으로 확대된 데에서 나타나고 있다. 기업은 여전히 스스로를 경영진이 관리자를, 관리자가 일선 직원을 명령하고 통제하는 기계적 관리관의 관점에서 바라보고 있다. 그러나 한편, 관련된 성과 측정치가 피드백 루프를 타고 돌아와 경영 의사결정의 효과에 인사이트를 제공하고 있다.

의사결정에서부터 실행과 측정 및 결과 평가로 이어지는 사이클은 기업이 운영 절차를 지속적으로 최적화할 수 있게 해준다. 실제로 기계적 관리관은 좀 더 유기적이고 데이터를 지식과 인사이트로 변환할 수 있는 능력에 기반해서 비즈니스를 이끌어나갈 수 있는 대안으로 대체되고 있다. 기계적 관리관의 한 가지 문제점은 전통적으로 비즈니스들은 기업의 정보 시스템에 저장되어 있는 내부 데이터에 의해 배타적으로 운영되고 있다는 점이다. 그러나 점차 생태계를 닮아가는 시장에서 기업은 이것만으로는 비즈니스 모델을 유지하기에 부족하다는 것을 배워가고 있다. 예를 들어, 기업은 수익성에 영향을 끼치는 요인을 직접적으로 감지할 수 있는 데이터를 외부로부터 수집할 필요가 있다. 이렇듯이 외부 데이터를 활용하게 되면 결국 '빅데이터' 데이터 세트가 발생하게 된다.

이 장에서는 빅데이터 솔루션과 기술을 도입하게 된 사업 동기에 대해서 설명한다. 빅데이터 도입에 영향을 준 대표적인 요인은 시장 역학, 비즈니스 아키텍처(Business Architecture, BA)의 인식 제고 및 형식화, 가치를 제공하는 데 직접적으로 영향을 주는 비즈니스 프로세스 관리(Business Process Management, BPM)의 중요성에 대한 깨달음, 정보통신기술(Information and Communications Technology, ICT)의 혁신, 만물인터넷(Internet of Everything, IoE) 등이 있다. 각 요인에 대해서 차례차례 설명할 것이다.

## 시장 역학

기업이 기업 스스로와 시장을 바라보는 관점에 근본적인 변화가 생겼다. 과거 15년간, 두 차례의 큰 주식시장 조정(stock market correction)이 발생했다. 첫 번째는 2000년에 발생한 닷컴 버블 붕괴이고, 두 번째는 2008년에 시작된 세계 경제 불황이다. 각각의 경우에, 기업은 비용을 줄임으로써 수익성을 안

> ✔ Davenport와 Prusak은 그들의 책 Working Knowledge에 일반적으로 통용되는 데이터, 정보 및 지식에 대한 정의를 제공한다. Davenport와 Prusak에 따르면 데이터는 이벤트에 대한 이산적이고 객관적인 사실의 집합이다. 비즈니스 측면에서 볼 때, 이러한 이벤트는 조직의 비즈니스 프로세스 및 정보 시스템 내에서 발생하는 활동으로, 각각의 비즈니스와 관련된 작업의 생성, 수정 및 완료를 나타낸다. 예를 들어 주문, 출하, 통지 및 고객 주소 업데이트 등이 있다. 이러한 이벤트는 기업 정보 시스템의 관계형 데이터 저장소에서 벌어지는 실제 활동을 반영한다. Davenport와 Prusak은 정보를 '차이를 만드는 데이터'로 정의한다. 정보는 의사소통을 위해서 컨텍스트화된 데이터의 형태로 메시지를 전달하고 수신자에게 그것이 사람인지 시스템인지에 대해서 알려준다. 정보는 경험과 인사이트와 더해져서 지식으로 거듭난다. 저자들은 지식은 새로운 경험과 정보를 평가하고 통합하기 위한 프레임워크를 제공하는 전문적 통찰력, 상황 정보, 가치관, 정형화된 경험 등의 유동적 혼합체라고 정의한다.

정화시키고 효율과 효과를 개선하고 확립하기 위해 노력했다. 물론 이것이 정상이다. 고객이 부족한 경우, 비용 절감은 기업의 수익을 유지시켜 준다. 이런 환경에서, 기업은 비용을 절감하기 위해서 기업 프로세스를 향상시키기 위한 변환 프로젝트를 수행한다.

세계 경제가 불황에서 벗어나기 시작하면서 기업은 외부에 집중하기 시작했다. 새로운 고객을 찾고 기존의 고객을 시장의 다른 경쟁사에 뺏기지 않으려고 노력했다. 새로운 제품과 서비스를 제공하고 더 큰 가치를 고객에게 제안하는 방법으로 극복했다. 이것은 비용 절감에 집중

했던 기존 방식과는 매우 다른 시장 사이클이다. 단순한 변환이 아니라 혁신이다. 혁신은 기업이 시장에서 경쟁 우위 확보와 매출 증대를 달성할 수 있는 새로운 방법을 찾을 수 있다는 희망을 줬다.

세계 경제는 다양한 요인으로 인해서 불확실성을 겪을 수 있다. 우리는 세계 주요 선진국의 경제가 서로 불가분의 관계로 얽혀 있다는 것을 알고 있다. 다시 말해서 그들은 개별 시스템으로 구성된 전체 시스템을 형성하고 있다. 마찬가지로, 세계의 기업들은 복잡한 제품과 서비스 네트워크로 얽혀 있다는 사실을 깨달으면서 스스로의 정체성과 독립성에 대한 그들의 관점을 바꿔가고 있다.

이러한 이유로, 기업들은 비즈니스 인텔리전스(Business Intelligence, BI) 활동을 기업 정보 시스템으로 추출된 내부 정보를 소급 반영하는 수준 이상으로 확장할 필요가 있다. 시장 및 시장 내에서의 위치를 파악하기 위한 수단으로 외부 데이터 소스에 대해 좀 더 개방적으로 변해야 한다. 외부 데이터는 내부 데이터에 컨텍스트라는 추가 정보를 가져온다. 기업이 이 점을 인식하게 되면, 하인드사이트(hindsight)에서 인사이트(insight)로 분석적 가치 사슬을 발전시킬 수 있다. 적절한 분석 방법과 함께 정교한 시뮬레이션 기능을 지원하는 기업은 포사이트(foresight)를 제공하는 분석 결과를 도출할 수도 있다. 이 경우, 분석 방법은 분석적 결과를 제공할 뿐만 아니라 지식과 지혜 사이의 격차를 줄여주는 역할을 한다. 이것이 빅데이터의 힘이다. 즉, 기업의 관점을 풍부하게 해 기업이 시장에 대한 정보를 추론만 할 수 있는 상태에서 시장 자체를 감지하게 하는 것이다.

하인드사이트에서 포사이트까지의 이행은 그림 2.1에 묘사된 DIKW 피라미드를 통해서 이해할 수 있다. 이 그림에서 삼각형의 꼭대기에 있는 지혜는 피라미드상에 존재하긴 하지만 일반적인 ICT 시스템을 통해서 생성되는 것이 아니라는 점을 나타내기 위해서 아웃라인으로 나타냈다. 대신에, 지식 근로자들은 유효한 지식을 체계화하기 위해서 인사이트와 경험을 제공하고, 이들은 지혜를 도출하기 위해서 통합된다. 기술적인 방법을 통한 지혜 생산은 이 책의 범위를 벗어난 내용으로 철학적 토의에 넘기도록 한다. 비즈니스 환경에서 기술은 지식 관리를 지원하는 데 사용되고, 개인은 업무를 올바로 수행하기 위해서 그들의 능력과 지혜를 책임감을 가지고 적용해야 한다.

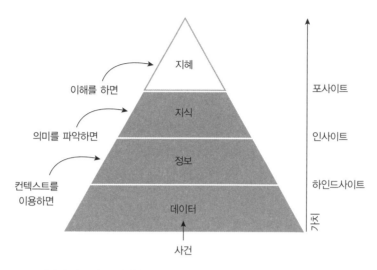

▲ **그림 2.1** DIKW 피라미드는 정보를 창출하기 위해 컨텍스트라는 추가 정보를 이용해 데이터를 어떻게 풍부하게 만드는지, 지식을 생성하기 위해 정보에 어떻게 의미를 부여하는지, 그리고 지식을 지혜로 변환하기 위해 어떻게 통합하는지 보여준다.

## 비즈니스 아키텍처

지난 10년간 기업의 엔터프라이즈 아키텍처가 기술 아키텍처를 근시안적으로 바라보는 것이라는 인식이 있었다. 비즈니스 아키텍처는 IT로부터 영향력을 빼앗기 위해서 보완적인 방법으로 부상했다. 미래의 목표는 엔터프라이즈 아키텍처가 비즈니스 아키텍처와 기술 아키텍처 간의 균형 잡힌 시각을 제공하는 것이다. 비즈니스 아키텍처는 비즈니스 설계의 청사진을 제시하거나 구체적으로 표현하는 등의 방법을 제공한다. 비즈니스 아키텍처는 조직이 기술 자원이든 인적 자본이든 상관없이 전략적 비전과 기본 실행을 일치시키는 데 도움이 된다. 따라서 비즈니스 아키텍처는 비즈니스 미션, 비전, 전략 및 목표와 같은 추상적 개념과 비즈니스 서비스, 조직 구조, 주요 성과 지표 및 응용 프로그램 서비스와 같은 보다 구체적인 요소를 연결한다.

이러한 연결 고리는 비즈니스와 정보 기술을 조율하는 방법에 대한 방향(지침)을 제공하기 때문에 중요하다. 비즈니스가 계층 구조의 시스템으로서 작동한다는 것이 일반적인 견해이다. 최상위층은 경영진 및 자문 그룹이 주도하는 전략층이다. 중간층은 전략에 맞추어 조직을 관리하는 전술층 또는 관리층이다. 최하위층은 기업이 기업의 핵심 프로세스를 실행하고 실제로 고객에게 가치를 제공하는 운영층이다. 이 3개의 층은 서로 독립적으로 표현되는 경우가 있지만 각 층의 목표와 목적은 위에서 아래로 영향을 받는 top-down 방식이다. 모니터링 관점에서 보면 다양한 측정 지표들은 아래에서 위로(bottom-up 방향으로) 흐른다. 운영층에서의 비즈니스 활동 모니터링은 서비스 및 프로세스에 대한 성과 지표(Performance Indicators, PI) 및 메트릭을 생성한다. 이들은 통합하여 전술층에서 사용되는 핵심 성과 지표(Key Performance Indicators, KPI)를 생성한다. 이러한 핵심 성과 지표는 전략적 목표와 목표 달성에 대한 진행 상황을 측정하는 데 도움이 되는 핵심 성공 요인(Critical Success Factors, CSF)과 전략층에서 연계가 가능하다.

빅데이터는 그림 2.2에서 볼 수 있듯이 각 조직 계층에서 비즈니스 아키텍처와 관련되어 있다. 빅데이터는 데이터를 정보로 변환시키고 정보로부터 지식을 생성하여 의미를 제공하기 위해서 외부 관점에서의 통합을 통한 추가적인 컨텍스트를 제공하여 가치를 향상시킨다. 예를 들어, 운영층에서 메트릭은 비즈니스에서 **무슨** 일이 벌어지고 있는지를 간단하게 보고하는 형태로 생성된다. 본질적으로, 우리는 비즈니스 개념과 컨텍스트를 통해서 데이터를 변환하여 정보를 생성한다. 관리층에서 정보는 기업 실적에 대한 질문을 통해서 **어떻게** 비즈니스가 이루어지고 있는지에 대한 질문에 대답할 수 있다. 즉, 정보에 의미를 부여해야 한다. 이 정보는 비즈니스가 **왜** 그 수준의 실적을 내고 있는지에 대한 질문에 대한 대답이 될

▲ **그림 2.2** DIKW 피라미드는 전략적, 전술적, 운영적 기업 차원에서의 구조를 보여준다.

수 있다. 이 지식으로 무장하면 전략층은 실적을 수정하거나 향상시키기 위해 어떤 전략을 변경하거나 채택해야 하는지에 대한 질문에 대답하는 데 도움이 되는 인사이트를 더욱 많이 제공할 수 있다.

계층화된 시스템과 마찬가지로 각 층이 모두 동일한 속도로 변경되는 것은 아니다. 기업의 경우, 전략층은 가장 느리게 움직이는 층이고 운영층은 가장 빠르게 움직이는 층이다. 느리게 움직이는 층은 빠르게 움직이는 층에 안정성과 방향성을 제공한다. 전통적인 조직 계층 구조에서 관리층은 경영진이 수립한 전략에 따라서 운영층을 지휘해야 한다. 변화의 속도에 따른 편차로 인해서 전략 실행, 비즈니스 실행 및 프로세스 실행으로 3개의 층을 구축할 수 있다. 이러한 각 층은 다양한 시각화 및 보고 기능을 통해서 제공되는 다양한 메트릭과 측정 값을 필요로 한다. 예를 들어, 전략층은 균형 성과표, 관리층은 KPI와 기업 성과에 대한 인터랙티브한 시각화, 운영층은 비즈니스 프로세스 실행과 상황에 대한 시각화가 필요하다.

그림 2.3은 Joe Gollner가 블로그 게시물 '지식의 해부학(Anatomy of Knowledge)'에서 제작한 다이어그램의 변형으로 피드백 루프를 통한 선순환 구조를 통해서 어떻게 조직을 조직화된 계층 구조로 나타낼 수 있는지를 보여준다. 그림의 오른쪽에서, 전략층은 전술층에 제약으로 전달되는 기업 전략, 정책, 목표 및 목적에 따라서 의사결정을 내림으로써 대응을 유도한다. 전술층은 기업의 방향에 부합하는 우선 순위와 행동을 생성하기 위해서 이러한 지

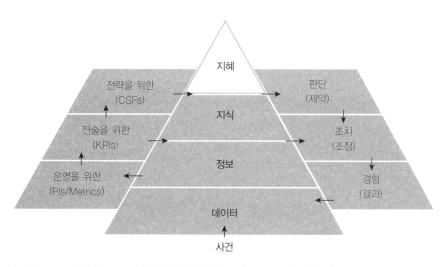

▲ **그림 2.3** 피드백 루프를 통해 층 간에 조직을 정렬하는 선순환 구조를 생성한다.

식을 활용한다. 이러한 조치는 운영층에서 비즈니스 실행을 조정한다. 이것은 비즈니스 서비스를 제공하고 소비할 때 내부 이해 관계자 및 외부 고객이 느낄 수 있는 측정 가능한 변화를 만들어야 하고, 변화나 결과는 후에 KPI로 집계될 변경된 성과 지표의 형태로 데이터에 나타나야 한다. KPI는 경영진에 그들의 전략이 제대로 작동하는지 여부에 대해서 알려주는 중요한 성공 요인들과 관련 있는 메트릭이다. 시간이 지남에 따라 전략 및 관리층에서 판단(judgment)과 조치(action)를 루프에 주입함으로써 비즈니스 서비스 제공을 개선할 수 있다.

## 비즈니스 프로세스 관리

비즈니스는 비즈니스 프로세스의 실행을 통해서 고객과 기타 이해 관계자들에게 가치를 제공한다. 비즈니스 프로세스는 조직에서 어떻게 일이 수행되는지에 대한 설명이다. 모든 작업과 관련한 활동과 그 관계를 해당 조직의 책임자와 필요한 자원들과 함께 연관해서 나타낸다. 활동 간의 관계는 일시적일 수도 있다. 예를 들어 활동 A가 활동 B보다 먼저 실행된다고 하자. 그 관계가 두 활동 간에 조건부적으로 발생하는지, 또 다른 활동으로 인한 조건 혹은 결과로 인해서 발생한 것인지, 비즈니스 프로세스의 외부에서 발생한 이벤트로 인한 것인지 등도 나타낼 수 있다.

비즈니스 프로세스 관리는 기업의 업무 수행을 향상시키기 위해서 프로세스 실행 기술을 적용한다. 비즈니스 프로세스 관리 시스템(Business Process Management Systems, BPMS)은 소프트웨어 개발자에게 비즈니스 애플리케이션 개발 환경(Business Application Development Environment, BADE)이 되는 모델 구동형 플랫폼을 제공한다. 비즈니스 애플리케이션 프로그램은 사람과 다른 기술 중심의 자원을 중재하고, 회사 정책과 일관되게 실행하며 직원들에게 공정한 업무 분배를 보장해야 한다. BADE로서 비즈니스 프로세스 모델은 조직의 역할과 구조에 대한 모델, 비즈니스 개체(entity)와 그 관계, 비즈니스 규칙 및 사용자 인터페이스와 결합된다. 개발 환경은 스크린플로(screenflow)와 워크플로(workflow)를 관리하고 업무량 관리를 제공하는 비즈니스 애플리케이션을 생성하기 위해서 이러한 모델들을 모두 통합한다. 이는 기업 정책 및 보안을 강화하고 장기간 진행되는 비즈니스 프로세스에 대한 상태 관리를 제공하는 실행 환경에서 수행된다. 비즈니스 프로세스 모니터링(Business Activity Monitoring, BAM)을 통해 개별 프로세스의 상태 또는 모든 프로세스를 조회하고 시각화할 수 있다.

BPM이 지능형 BPMS와 결합되면 프로세스를 목표 지향적으로 실행할 수 있다. 목표는 런타임 동안에 동적으로 선택되고 결합되며 목표의 평가와 연계되어 특정 프로세스에 연결된다. 빅데이터 분석 결과와 목표 중심 행동을 함께 조합해서 사용하면 프로세스 실행이 시장에 맞춰 적응하고 환경 조건에 대응할 수 있다. 간단한 예로 고객에게 연락을 하는 프로세스에는 음성 통화, 이메일, 문자 메시지 및 일반 우편을 통한 방법들이 있다. 처음에는 어떤 연락 방법을 선택할지에 대해서 가중치가 부여되지 않고, 무작위로 선택된다. 그러나 이후에 고객의 반응을 통계적으로 분석해서 각 연락 방법의 효율성을 측정하는 비공개 분석이 수행되고 있다. 이 분석의 결과는 연락 방법을 선택하는 데 사용이 되며, 명확한 선호가 결정되면 가장 좋은 반응을 얻은 연락 방법을 선호하도록 가중치가 변경된다. 보다 상세한 분석은 연락 방법을 하나의 변수로 사용해 개별 고객을 그룹화하는 고객 클러스터링을 할 수 있다. 이 경우 고객은 일대일 타겟 마케팅으로 나아가는 더욱 정교한 방법으로 연락을 받을 수 있다.

## 정보통신기술

이 절에서는 기업에서 빅데이터 도입을 가속화한 다음과 같은 ICT 개발품에 대해서 살펴본다.

- 데이터 분석과 데이터 과학
- 디지털화
- 저비용 기술과 저렴한 범용 하드웨어
- 소셜 미디어
- 초연결 장치
- 클라우드 컴퓨팅

### 데이터 분석과 데이터 과학

기업은 점점 더 많은 양의 데이터를 수집, 조달, 저장, 큐레이팅(curating), 처리하고 있다. 이는 좀 더 효율적이고 효과적으로 운영하도록 하거나 경영진이 사전에 비즈니스를 잘 이끌 수 있도록 하거나 고위 간부들이 그들의 전략적인 계획들을 잘 만들고 평가할 수 있도록 새로운 인사이트를 찾기 위해서 이뤄진다. 궁극적으로 기업은 경쟁 우위를 확보할 수 있는 새로운 방법을 모색하고 있다. 따라서 의미 있는 정보와 인사이트를 추출할 수 있는 기법과 기술에 대한 필요성이 커졌다. 컴퓨터를 이용한 접근 방식, 통계적인 기법 및 데이터 웨어하우징(data warehousing)은 병합이 되기까지 발전했는데 이 과정에서 각각은 빅데이터 분석을 가능하게 하는 특정 기법과 도구를 가지고 왔다. 이러한 분야의 발전은 당대의 빅데이터 솔루션, 환경 및 플랫폼으로부터 기대된 상당히 많은 핵심 기능들을 고취시켰고, 실제로 가능하게 했다.

## 디지털화

많은 비즈니스에서 실질적인 통신 및 전달 메커니즘으로서 디지털 매체는 물리적 매체를 대체해 왔다. 디지털 인공물의 사용은 이미 방대하게 존재하고 있는 인터넷 기반시설을 통해 유통되면서 시간과 비용을 동시에 절약할 수 있다. 소비자가 이러한 디지털 대체물과의 상호작용을 통해서 비즈니스에 접근할수록 더 많은 '이차' 데이터를 수집할 기회가 생긴다. 예를 들어, 고객에게 피드백이나 설문조사를 요청하거나, 단순히 관련 광고를 제공하고 그에 대한 클릭률을 추적할 수도 있다. 이차 데이터를 수집하는 것은 비즈니스에 중요하다. 이차 데이터를 분석하는 것은 고객 맞춤형 마케팅, 자동화된 추천, 최적화된 제품 기능 개발이 가능하도록 하기 때문에 이를 수집하는 것은 비즈니스에 중요하다. 그림 2.4는 디지털화의 예를 시각적으로 보여준다.

## 저비용 기술과 저렴한 범용 하드웨어

많은 양의 다양한 데이터를 저장하고 처리할 수 있는 기술이 점점 더 저렴해지고 있다. 또한

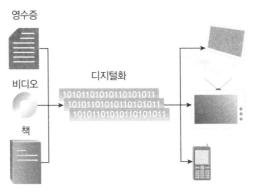

▲ **그림 2.4** 디지털화의 예로는 온라인 뱅킹, 온디맨드 텔레비전, 스트리밍 비디오가 있다.

빅데이터 솔루션은 비용을 더 절감하기 위해서 보통 저렴한 범용 하드웨어에서 실행되는 오픈소스 소프트웨어를 활용한다. 저렴한 범용 하드웨어와 오픈소스 소프트웨어 결합은 대기업이 IT 예산의 크기가 크기 때문에 소규모 경쟁 업체보다 많은 비용을 지출할 수 있다는 장점을 사실상 없앴다. 기술은 더 이상 경쟁에서 우위를 제공하지 않는다. 대신에 기술은 단순히 비즈니스가 실행되는 플랫폼이 됐다. 비즈니스 관점에서 볼 때, 비즈니스 프로세스를 좀더 최적화할 수 있도록 분석하기 위해서 저비용 기술과 저렴한 범용 하드웨어를 이용하는 것이 경쟁에서 우위를 차지하는 길이다.

　저렴한 범용 하드웨어를 사용하면 대규모 자본 투자 없이도 비즈니스에 빅데이터 솔루션을 쉽게 도입할 수 있다. 그림 2.5는 지난 20년간의 데이터 저장 장치에 대한 가격 하락을 보여준다.

## 소셜 미디어

소셜 미디어의 출현으로 고객은 개방형 매체 및 공공 매체를 통해서 거의 실시간으로 피드백을 제공하게 됐다. 이러한 변화는 기업들이 전략을 수립할 때 그들의 서비스와 제공하는 제품에 대한 고객의 피드백을 고려하도록 만들었다. 결과적으로 기업은 고객 관계 관리

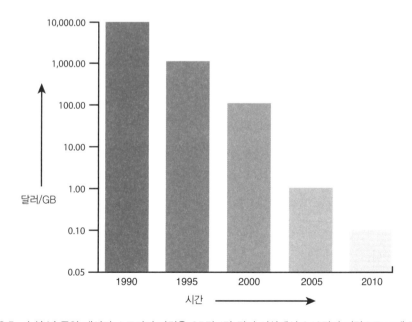

▲ 그림 2.5　수십 년 동안 데이터 스토리지 가격은 GB당 1만 달러 이상에서 0.10달러 미만으로 크게 떨어졌다.

(Customer Relationship Management, CRM) 시스템과 소셜 미디어 사이트에서 고객 리뷰, 불만 및 칭찬 사항을 수집하여 고객과의 상호작용에 대한 데이터를 점점 더 많이 저장하고 있다. 고객의 목소리를 대변할 수 있는 좀 더 나은 수준의 서비스를 제공하고, 매출을 늘리고, 타겟 마케팅을 하고 새로운 제품과 서비스를 창출한다. 기업은 내부의 마케팅 활동만으로는 더 이상 브랜드 마케팅 관련 활동이 충분하지 않다는 것을 깨달았다. 대신 제품 브랜드와 회사의 명성은 회사와 고객에 의해서 함께 만들어진다. 이러한 이유로, 기업은 소셜 미디어 및 다른 외부 데이터 소스로부터 공개적으로 사용 가능한 데이터 세트를 결합시키는 데 점점 더 관심을 가지고 있다.

## 초연결 장치

인터넷의 확대와 무선 및 Wi-Fi 네트워크의 확산으로 인해서 더 많은 사람들과 장치가 가상 커뮤니티에서 지속적으로 활동할 수 있게 됐다. 인터넷에 연결된 센서가 확산됨에 따라 방대한 스마트 인터넷 연결 장치의 모음인 사물인터넷(Internet of Things, IoT)의 토대가 형성되고 있다. 그림 2.6에서 볼 수 있듯이, 이것은 결과적으로 사용 가능한 데이터 스트림의 개수를 대폭적으로 증가시켰다. 일부 스트림들은 공개되지만 다른 스트림들은 분석을 위해 기업에 바로 전달된다. 예를 들어, 광산업에서는 중장비를 구매하는 대신 성능 기반 임대계약을 체결한다. 따라서 장비 제조 업체는 고장 수리 시간을 최소화하기 위해 예상/예측 보전에 사활을 걸고 있다. 고장을 사전에 감지하기 위해서는 중장비에서 방출되는 센서 판독 값에

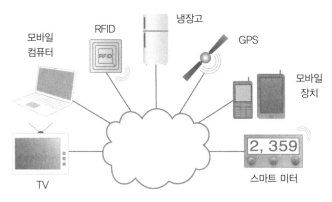

▲ **그림 2.6** 초연결 커뮤니티 및 장치에는 TV, 모바일 컴퓨팅, RFID, 냉장고, GPS 장치, 모바일 장치, 스마트 미터가 있다.

대한 상세한 데이터 분석이 필수적이다.

## 클라우드 컴퓨팅

클라우드 컴퓨팅의 발전은 확장성이 뛰어나고 온디맨드(on-demand) 방식의 IT 리소스를 페이고 원칙(pay-as-you-go) 모델을 통해서 임대가 가능하도록 제공할 수 있는 환경을 만들었다. 기업은 대규모 처리 작업을 수행할 수 있는 확장 가능한 빅데이터 솔루션을 구축하기 위해서 이러한 환경에서 제공하는 기반시설, 저장 및 처리 능력을 활용할 수 있다. 일반적으로 구름 모양으로 묘사되어 전통적으로 오프프레미스(off-premise) 환경으로 여겨지지만 기업은 가상화를 통해서 존재하는 기반시설을 좀 더 효과적으로 활용하기 위한 온프레미스(on-premise) 를 만들기 위해서 클라우드 관리 소프트웨어를 활용하고 있다. 두 경우 모두 작업량에 따라서 동적으로 확장 가능한 클라우드는 ICT 리소스를 최대한 효율적으로 활용할 수 있도록 탄력적인 분석 환경을 만들 수 있다.

그림 2.7은 클라우드 환경이 빅데이터 처리 업무를 수행하기 위해서 확장 능력을 어떻게 활용하는지에 대해서 보여준다. 오프프레미스 클라우드 기반 IT 리소스를 임대할 수 있다는

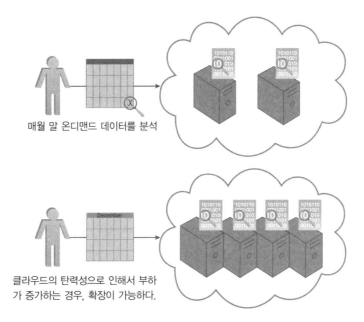

매월 말 온디맨드 데이터를 분석

클라우드의 탄력성으로 인해서 부하가 증가하는 경우, 확장이 가능하다.

▲ **그림 2.7** 클라우드는 매달 말 온디맨드 데이터 분석에 사용하거나, 부하가 증가하는 시스템의 경우 시스템을 확장하는 데 사용할 수 있다.

점은 빅데이터 프로젝트에 필요한 초기 투자를 굉장히 많이 줄여준다.

이미 클라우드 컴퓨팅을 사용하는 기업들이 빅데이터 계획을 위해서 클라우드를 재사용하는 것은 합리적이다. 왜냐하면 다음과 같은 이유 때문이다.

- 사람들이 이미 필요한 클라우드 컴퓨팅 기술을 보유하고 있다.
- 입력 데이터가 이미 클라우드에 존재한다.

많은 데이터 마켓이 Amazon S3와 같은 클라우드 환경에서 데이터 세트를 사용할 수 있게끔 해놓았기 때문에 이러한 데이터를 분석하고자 하는 기업은 클라우드로 데이터를 이동시키는 것이 합리적이다.

즉, 클라우드 컴퓨팅은 빅데이터 솔루션에 필요한 세 가지 필수 요소인 외부 데이터 세트, 확장 가능한 처리 능력 및 방대한 저장 장치를 제공할 수 있다.

## 만물인터넷

정보통신기술 발전, 시장 역학, 비즈니스 아키텍처 및 비즈니스 프로세스 관리의 융합은 최근 만물인터넷(Internet of Everything, IoE)으로 알려진 비즈니스 기회에 기여한다. IoE는 사물인터넷(Internet of Things, IoT)의 스마트하게 연결된 장치에 의해서 제공되는 서비스를 특별하고 차별화된 가치 제안을 제공할 수 있는 의미 있는 비즈니스 프로세스로 결합한다. 새로운 제품 및 서비스를 창출하고 비즈니스를 위해서 새로운 수익원을 창출하는 혁신을 위한 플랫폼이다. 빅데이터는 IoE의 핵심이다. 저비용 기술과 저렴한 범용 하드웨어에서 동작하는 초연결 장치는 탄력적인 클라우드 컴퓨팅 환경에서 실행되는 분석 프로세스의 대상인 디지털화된 데이터를 스트리밍한다. 분석 결과는 현재 프로세스에서 얼마나 많은 가치가 창출되는지 여부와 사전에 프로세스를 좀 더 최적화하기 위한 방법을 찾아야 하는지 여부에 대한 인사이트를 제공할 수 있다.

IoE 전문 회사는 워크플로를 수립하고 최적화하기 위해서 빅데이터를 활용할 수 있고 그것을 아웃소싱 비즈니스 프로세스로서 제3자에게 제공할 수 있다. Roger Burlton(2011)이 편집한 비즈니스 프로세스 성명서에서 확립된 바와 같이 조직의 비즈니스 프로세스는 고객 및 기타 이해 관계자를 위해서 가치를 창출해 내는 원천이다. 스트리밍 데이터와 고객 컨텍스트에 대한 분석과 함께 이러한 프로세스의 실행을 고객의 목표에 부합하도록 조정하면 향후 기업의 중요한 차별화 요소가 될 것이다.

　IoE의 혜택을 누린 분야의 한 가지 예로 전통적인 농기구 제조사가 주도하는 정밀 농업을 들 수 있다. GPS 제어 트랙터, 현장 습기 및 거름 센서, 온디맨드식 급수, 거름, 살충제 적용 시스템 및 변동 속도 파종 장비의 개별 시스템이 하나의 시스템으로 모두 합쳐지면 비용을 최소화하면서 현장 생산성을 극대화할 수 있다. 정밀 농업은 산업화된 단일 재배 농장에 도전할 수 있는 다른 농업 접근을 가능하게 한다. IoE의 도움으로 소규모 농장은 작물의 다양성과 환경에 민감한 시도를 통해서 경쟁할 수 있다. 스마트하게 연결된 농기구 외에, 장비 및 현장 센서 데이터에 대한 빅데이터 분석은 농부들과 그들의 농기계가 최적의 수율을 얻을 수 있도록 의사결정을 지원하는 시스템을 만들 수 있다.

**사례연구**

ETI의 고위 간부 위원회는 회사의 부실한 재무 상태를 조사하여 기업의 당면한 문제 중 많은 부분이 사전에 발견될 수 있었다는 것을 깨달았다. 전술적 차원에서 경영진이 더 큰 인식을 갖고 있다면, 사전에 손실의 일부를 피하기 위한 조치를 취할 수 있을 것이다. 이러한 조기 경고의 부재는 ETI가 시장 역학이 변했다는 사실을 인지하지 못했기 때문이다. 선진화된 기술을 사용하여 청구서를 처리하고 보험료를 정하는 새로운 경쟁자들은 시장을 분열시키고 ETI의 사업을 나눠 가졌다. 동시에 기업이 정교한 사기 탐지 기술을 보유하고 있지 않다면 부도덕한 고객이나 조직적인 범죄에 피해를 입을 수 있다. 고위 간부 위원회는 그 결과들을 경영진에게 보고했다. 그 후, 이전에 수립됐던 전략적 목표를 고려하여 새로운 변화와 혁신 기업의 우선 순위가 수립됐다. 이러한 계획들은 기업의 자원을 ETI의 이익을 증대시킬 수 있는 능력을 향상시키는 솔루션으로 유도한다.

변화를 고려할 때, 청구서 처리를 문서화, 분석 및 개선하기 위해서 비즈니스 프로세스 관리를 적용할 것이다. 이러한 비즈니스 관리 모델은 일관성 있고 감사가 가능한 프로세스의 실행을 보장하기 위해서 프로세스 자동화 프레임워크인 비즈니스 프로세스 관리 시스템에 의해서 수행될 것이다. 이는 ETI가 규정 준수를 입증하는 데 도움이 된다. BPMS 사용의 또 다른 이점은 어떤 직원이 어떤 청구서를 처리했는지에 대한 정보와 같이 시스템에 의해서 처리된 청구서에 대해서 추적할 수 있다는 점이다. 아직 확인되지는 않았지만, 처리 중인 사기성 청구서의 일부는 기업의 정책에 따른 내부 수동 제어를 지키지 않는 작업자들로 인해서 발생했다는 의혹이 있다. 즉, BPMS는 외부 규정 준수를 충족하게 만들 뿐만 아니라 ETI 내에서 표준 운영 절차 및 업무 관행을 강화할 것이다.

위험 평가 및 사기 탐지는 데이터 중심의 의사결정을 가능하게 하는 분석 결과를 생성하는 획기적인 빅데이터 기술을 적용함으로써 향상될 것이다. 위험 평가 결과는 생성된 위험 평가 지표들을 보험 계리사에게 제공함으로써 그들의 직감에 대한 의존도를 줄이는 데 도움을 줄 것이다. 게다가, 사기 탐지의 결과는 자동화된 청구서 처리 워크플로에 통합되게 될 것이다. 또한 경험 있는 손해사정사에게 의심스러운 청구서를 알려줄 수 있을 것이다. 조정자는 ETI 청구서 책임 및 실제 사기일 가능성에 대해서 청구서의 성격을 보다 면밀히 평가할 수 있다. 손해사정사들의 결정이 BPMS에 의해서 추적되고 각 청구서의 사기 여부에 대한 정보를 포함하는 청구서의 학습 데이터 세트들을 생성하는 데 사용할 수 있기 때문에 시간이 지남에 따라서 이러한 수작업 처리는 보다 자동화될 수 있다. 이러한 학습 데이터 세트들은 자동화된 분류기에 사용될 수 있기 때문에 ETI가 예측 분석을 수행할 수 있는 능력을 향상시켜 준다.

물론 경영진도 지식을 생성할 만큼 충분히 많은 데이터를 수집하지 못했기 때문에 ETI의 운영을 지속적으로 최적화할 수 없다는 것을 알고 있다. 그 이유는 궁극적으로 비즈니스 아키텍처에 대한 이해가 부족하기 때문이다. 기업의 경영진은 모든 성과를 KPI로 다루고 있다는 것을 깨닫는다. 이는 많은 분석을 생성해 냈지만, 정작 요점이 부족해서 잠재적인 가치를 전달하지 못했다. KPI가 더 높은 차원의 지표이고 수량이 더 적다는 점을 깨달으면서, 전술적 수준에서 반드시 체크돼야 하는 몇 안 되는 지표들에 어떤 것들이 포함되는지에 대해 동의할 수 있었다.

또한 경영진은 항상 비즈니스 실행과 전략적 실행을 조율하는 데 어려움을 겪었다. 이것은 부분적으로 핵심 성공 요인(CSF)을 정의하지 못함으로써 발생했다. 전략적 목표와 목적은 KPI가 아닌 CSF에 의해서 평가되어야 한다. CSF를 제자리에 배치함으로써 ETI는 그들의 비즈니스의 전략적, 전술적, 운영 레벨과 ETI를 연결하고 조정할 수 있다. 경영진과 관리팀은 다음 분기에 제공하는 이점을 수치화하기 위해서 새로운 측정 및 평가 계획을 면밀히 모니터링할 것이다.

최종 결정은 ETI 경영진에 의해 이루어졌다. 이 결정은 혁신적인 관리를 담당하는 조직의 새로운 역할을 창출했다. 경영진은 회사가 너무 내성적이었다는 것을 깨달았다. 4개의 보험 상품 관리에 몰두하여 경영진은 시장이 변하고 있다는 것을 인식하지 못했다. 이들은 빅데이터와 최신 데이터 분석 도구 및 기술의 이점에 대해서 알고 놀랐다. 마찬가지로 청구서를 디지털화하고 청구서를 처리하기 위해서 스캔 기술을 적극적으로 사용했지만 고객이 사용하는 스마트폰 기술이 청구서 처리를 간소화해 줄 디지털 정보의 새로운 채널을 만들 수 있다고는 생각하지 않았다. 경영진은 인프라 수준에서 클라우드 기술을 도입해야 된다고 생각하지는 않지만, 고객들과의 관계를 관리하는 운영 비용을 줄이기 위해 타사의 소프트웨어를 서비스하는 것을 고려하고 있다.

현재 시점에서 경영진과 고위 관리팀은 (1) 조직적인 배치 문제를 해결하고 (2) 비즈니스 프로세스 관리 기술을 도입할 수 있는 계획을 세우고 (3) 시장을 감지할 수 있는 능력을 높이는 빅데이터를 성공적으로 채택하고, 이를 통해서 (4) 변화하는 환경에 보다 잘 적응할 수 있을 것이라고 믿는다.

제3장

# 빅데이터 채택과
# 계획 고려사항

B I G   D A T A
FUNDAMENTALS

빅 데이터 계획은 본질적으로 전략적이며 비즈니스 중심적으로 설계되어야 한다. 빅데 이터 채택은 변환(transformation)보다는 혁신(innovation)에 가깝다. 비즈니스 변환은 일반적으로 효율과 성과를 증가시키기 위한 위험성이 낮은 시도이다. 그러나 혁신은 비즈니스의 생산, 서비스, 조직의 구조를 근본적으로 바꾸기 때문에, 반드시 사고의 변화가 있어야 한다. 빅데이터는 이러한 혁신을 가능하게 만든다. 혁신을 할 때, 너무 많은 간섭은 혁신을 방해하여 안 좋은 결과를 초래하고, 관리가 너무 이루어지지 않으면 좋은 계획을 갖고 시작된 프로젝트마저 결과를 내지 못하고 단순한 과학 실험으로 끝나버릴 수 있기 때문에 혁신 관리 조직에서의 적절한 조절이 필요하다. 이러한 문제들이 있기 때문에 제3장에서는 빅데이터 채택과 계획 시의 고려사항을 다룬다.

빅데이터의 특성과 분석력을 감안할 때, 초기 단계에서 고려하고 계획해야 할 몇 가지 문제들이 있다. 먼저 새로운 기술을 도입하기 때문에, 기존의 기업 표준에 부합하는 방식으로 보안을 유지할 수 있는 방법을 제시해야 한다. 또한 조직은 데이터 세트의 조달부터 활용에 이르는 데이터 출처의 추적과 관련된 문제도 고려해야 한다. 개인의 분석 과정에서는 이들의 프라이버시 문제도 미리 계획되어야 한다. 심지어 원격 제공이나 클라우드 환경에서 호스팅되는 환경 등, 현재 설치되어 있는 사내 환경 이상의 확장된 환경을 고려해야 할 가능성도 있다. 실제로, 조직은 앞에 나열되어 있는 고려사항들을 인지하고, 확실한 관리 체계와 의사결정 체제를 설립하여 책임 당사자들이 빅데이터의 성격과 의미 그리고 관리 요구사항을 이해할 수 있도록 해야 한다.

빅데이터의 채택은 조직적으로 비즈니스 분석 방식을 바꾼다. 이런 이유로, 이 장에서는 빅데이터 분석 수명주기를 소개한다. 빅데이터 분석 수명주기는 빅데이터 프로젝트의 비즈니스 필요성 근거 수립으로 시작해서, 분석 결과가 조직에 배포되어 최대 가치를 창출하는 것으로 끝난다. 데이터의 식별, 조달, 여과, 추출, 정제, 통합을 하는 데 여러 단계를 거쳐야 한다. 이 모든 과정은 데이터 분석을 시작하기 전에 이뤄져야 한다. 이런 과정을 수행하기 위해서는 기존 조직에 없던 새로운 역량을 개발하거나 이러한 역량을 가진 사람을 조직에 고용하여야 한다.

앞에 설명한 바와 같이, 빅데이터를 채택할 때 고려하고 처리해야 할 사항들이 많이 있다. 이 장에서는 잠재적인 주요 문제점과 고려사항에 대해서 설명한다.

## 조직의 전제조건

빅데이터 프레임워크는 바로 사용이 가능한 방법이 아니다. 데이터 분석을 통해 가치 창출을 하기 위해서는 기업은 데이터 관리와 빅데이터 거버넌스 프레임워크를 가지고 있어야 한다. 온전한 절차와 빅데이터 솔루션의 구현, 커스터마이징, 제작, 사용하는 과정을 충분히 감당할 능력이 있는 담당자들이 필요하다. 추가로, 빅데이터 솔루션에 사용될 데이터의 품질도 평가되어야 한다.

오래되었거나 효력이 없거나 혹은 잘못된 데이터를 사용한다면 빅데이터 솔루션의 품질에 상관없이 낮은 수준의 결과만을 지속적으로 얻게 될 것이다. 그렇기에 빅데이터 환경의 지속성도 계획되어야 한다. 기업의 요구사항과 추세를 같이할 수 있게끔, 빅데이터 환경의 확장 혹은 확대가 계획되어 있는 로드맵이 정의되어야 한다.

## 데이터 조달

빅데이터 솔루션은 오픈소스 플랫폼 및 저가의 상용 하드웨어를 활용할 수 있기 때문에 습득 자체는 경제적일 수도 있다. 그러나 외부 데이터를 획득하는 데 상당한 예산이 필요하다. 비즈니스의 특성에 따라 외부 데이터가 매우 값이 비쌀 수도 있다. 더 크고, 더 다양한 데이터를 사용할 수 있게 되면 숨겨진 인사이트를 찾을 가능성이 높아지게 된다.

외부 데이터 소스는 정부 데이터 소스와 상업용 데이터 시장을 포함하여 일컫는다. 지리정보와 같은 정부 제공 데이터는 무료일 수도 있다. 그러나 대부분의 상업용 데이터는 구입해야 하고, 업데이트된 데이터 세트를 지속적으로 구하기 위해서는 구독료도 지속적으로 지불해야 한다(대한민국은 법적 제재로 인해 외부 데이터 구입이 가장 어려운 나라 가운데 하나이다 — 역주).

## 사생활 침해

데이터 세트를 분석하면서 조직 혹은 개인에 대한 비밀 정보를 폭로하게 될 수 있다. 심지어 각각은 사생활 침해 문제를 갖고 있지 않은 데이터 세트들을 조합하여 같이 분석하다 보면, 사적인 정보를 폭로하게 될 수도 있다. 이러한 문제는 의도 여부와 관련 없이 사생활 침해 문제를 야기할 수 있다.

이러한 사생활 침해 문제를 다루려면, 데이터 태깅과 익명화를 위한 특별한 기술뿐만 아

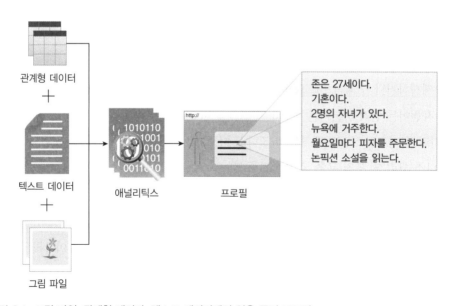

▲ 그림 3.1  그림 파일, 관계형 데이터, 텍스트 데이터에서 얻은 존의 프로필

니라, 축적되는 데이터의 특성과 이와 관련된 데이터 개인 정보 보호 규정에 대한 이해가 필요하다. 예를 들어, 그림 3.1과 같이, 자동차의 GPS 로그 혹은 스마트 미터 데이터 판독과 같은 원격 측정 데이터를 장기간 수집하면 개인의 위치와 행동을 알 수 있게 된다(이런 문제는 개인 데이터를 자유로이 사고팔 수 있는 미국에서 특히 발생할 수 있다 — 역주).

## 보안

빅데이터 솔루션의 일부 구성요소는 접근 제어 및 데이터 보안과 관련하여, 기존 기업에서 사용하던 솔루션 환경에 맞지 않는다. 빅데이터의 보안은 인증 및 권한 부여를 통해, 데이터 네트워크와 저장 공간의 안전성을 확보하는 것을 포함한다.

빅데이터 보안은 이를 넘어서, 사용자 등급에 따라 데이터 접근 권한을 다르게 하기도 한다. 예를 들어, 전통적인 관계형 데이터베이스 관리 시스템과 달리, NoSQL 데이터베이스는 일반적으로 강력한 내장 보안 메커니즘을 제공하지 않는다. 대신에, 데이터가 일반 텍스트로 변환되는 단순한 HTTP 기반 API에 의존하기 때문에, 데이터가 네트워크 기반 공격에 취약해진다.

## 출처

출처는 데이터의 소스와 데이터가 처리된 방법에 관한 정보들을 일컫는다. 이 정보는 데이터의 진위 여부와 품질을 판단하는 데 도움이 되며, 감사 용도로도 사용될 수 있다. 많은 양

▲ **그림 3.2**  NoSQL 데이터베이스는 네트워크 기반 공격에 취약하다.

의 데이터를 획득, 결합 및 다중 처리 단계를 거치는 동안 출처를 유지하는 것은 복잡한 작업이다. 분석 수명주기의 여러 단계에서 데이터는 전송, 처리 또는 저장 단계라는 서로 다른 상태에 있게 된다. 각각의 단계는 이동 중인 데이터, 사용 중인 데이터, 유휴 상태의 데이터의 개념에 해당한다. 중요한 것은 빅데이터의 상태가 변할 때마다 메타데이터로 기록되어 있는 출처 정보를 잘 기록해야 한다는 것이다.

데이터를 실제로 분석할 때, 출처 정보는 데이터의 근원이 기록된 정보로 초기화될 수 있다. 궁극적으로, 출처를 기록하는 목표는 생성된 분석 결과와 데이터의 출처를 결합하여, 어떤 알고리즘 혹은 데이터가 생성된 결과를 이끌어내었는지 추론할 수 있게 하는 것이다. 출처 정보는 분석 결과의 가치를 뒷받침하는 데 필수적이다. 과학적인 연구와 마찬가지로, 결

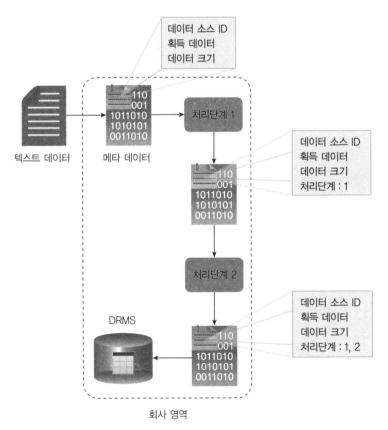

▲ **그림 3.3** 데이터 변환 단계를 거치는 동안 원본 데이터 세트의 속성과 처리 과정의 세부사항을 같이 적어야 할 수도 있다.

과가 뒷받침되지 못하고 반복된 분석 결과를 보여주지 못한다면 신뢰성이 떨어지게 된다. 그림 3.3과 같이 분석 결과가 도출되는 과정에서 출처 정보가 기록된다면 분석 결과는 쉽게 신뢰를 얻을 수 있고, 확신을 갖고 분석 결과를 활용할 수 있게 된다.

## 제한된 실시간 지원

스트리밍 데이터 혹은 알람을 필요로 하는 대시보드나 애플리케이션들은 실시간 혹은 이에 준하는 데이터 전송이 필요하다. 대다수 오픈소스 빅데이터 솔루션 및 제품들은 일괄 처리 (batch) 지향적이다. 그러나 이제 스트리밍 데이터 분석을 지원하는 실시간 처리가 가능한 오픈소스 제품이 출시되고 있다. 트랜잭션 데이터를 전송받으면 바로 처리를 하고, 기존에 요약된 일괄 처리된 데이터와 결합하는 방법으로 거의 실시간에 가까운 결과를 얻게 된다.

## 성능을 저해하는 요인들

대용량의 데이터를 처리하는 데 있어서 관건은 빅데이터 솔루션의 성능이다. 예를 들어, 복잡한 검색 알고리즘과 결합된 대형 데이터 세트의 경우 긴 쿼리 시간을 야기하게 된다. 네트워크 대역폭 또한 성능을 결정짓는 중요한 요소이다. 그림 3.4와 같이 데이터 용량이 커질수록, 단위 데이터를 전송하는 시간이 실제 데이터의 처리 시간을 초과하게 된다.

## 별도의 거버넌스 요구사항

빅데이터 솔루션은 비즈니스의 자산이 되는 데이터를 처리하고 생성한다. 데이터와 솔루션

▲ **그림 3.4**　80%의 처리량의 1기가비트 LAN으로 1PB 데이터를 전송하려면 약 2,750시간이 소요된다.

환경 자체를 조절하고 표준화하여 발전시키기 위해서 거버넌스 프레임워크가 필요하다.

빅데이터 거버넌스 프레임워크는 다음과 같은 사항들을 포함한다.

- 데이터 태깅 및 이에 사용되는 메타데이터의 표준화
- 사용 가능한 외부 데이터의 규제 정책
- 데이터 프라이버시 및 익명화 관리 정책
- 데이터 소스 및 분석 결과 보관 정책
- 데이터 정제 및 여과 지침 설립에 관한 정책

## 별도의 방법론

빅데이터 솔루션에 데이터의 출입을 제어하는 방법론이 필요하다. 그림 3.5와 같이, 처리된 데이터를 반복적으로 정제할 수 있도록 피드백 루프를 설정하는 방법을 고려해야 한다. 예를 들어, 경영팀 인력이 IT 인력에게 주기적으로 피드백을 제공할 수 있도록 하는 방법이 있을 수 있다. 각 주기에서 나온 피드백들은 데이터 준비 혹은 데이터 분석 단계의 변화를 줘서

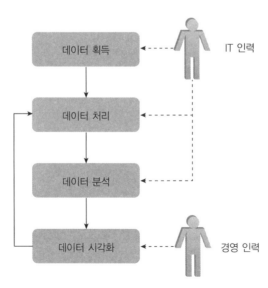

▲ **그림 3.5** 매 반복마다 처리 단계, 알고리즘 및 데이터 모델을 세밀하게 조정하여 결과의 정확성을 높이고 비즈니스에 더 큰 가치를 제공할 수 있다.

시스템을 세분화하는 기회를 제공한다.

## 클라우드

제2장에서 언급했던 것처럼, 클라우드는 대용량 저장 공간과 데이터 처리 IT 인프라를 원격으로 제공한다. 조직의 클라우드 사용 여부와 관련 없이, 빅데이터 환경을 사용하기 위해서는 그 환경의 일부 혹은 전체가 클라우드 내에서 호스팅되어야 할 수도 있다. 예를 들어, 클라우드에서 CRM 시스템을 사용하는 기업은 CRM 데이터를 분석하기 위해 같은 클라우드 환경에 빅데이터 솔루션을 추가해야 한다. 그렇게 해야만 분석 데이터가 회사 내 빅데이터 환경 안에서 공유될 수 있다.

빅데이터 솔루션을 지원하기 위해 클라우드 환경을 해야 하는 이유는 다음과 같다.

- 사내 하드웨어 자원이 적절하지 못할 경우
- 시스템 조달을 위한 선행 투자가 불가능할 경우
- 해당 프로젝트가 나머지 사업과 격리되어 기존 사업이 영향을 받지 않을 경우
- 빅데이터 도입의 개념증명(기존 시장에 없던 신기술을 도입하기 전, 이를 검증하기 위해 사용하는 것, 즉 특정 방식이나 아이디어를 실천하여, 타당성을 증명하는 것 — 역주)이 필요할 경우
- 처리해야 할 데이터 세트가 이미 클라우드에 존재할 경우
- 사내 빅데이터 솔루션에서 사용 가능한 컴퓨팅 및 저장 리소스가 한계에 도달했을 경우

## 빅데이터 분석 수명주기

전통적인 데이터 분석과 빅데이터 분석의 차이는 처리해야 할 데이터의 양, 속도, 다양성이 다르기 때문에 발생한다. 빅데이터 분석을 위해 필요한 사항들을 해결하기 위해서는 데이터의 획득, 처리, 분석 및 용도 변경과 관련된 작업을 구성하는 단계별 방법론이 필요하다. 다음 절에서는 빅데이터 분석과 관련된 작업을 조직하고 관리하는 데이터 분석 수명주기에 관하여 다룬다. 빅데이터의 채택 및 계획 관점에서, 분석 수명주기와 더불어 데이터 분석 팀의 교육과 장비, 그리고 팀의 구성원들에 대해서도 고려해야 한다.

그림 3.6과 같이 빅데이터 분석 수명주기
는 다음과 같이 9개의 단계로 나눌 수 있다.

1. 비즈니스 사례 평가
2. 데이터 식별
3. 데이터 획득 및 여과
4. 데이터 추출
5. 데이터 검증 및 정제
6. 데이터 통합 및 표현
7. 데이터 분석
8. 데이터 시각화
9. 분석 결과 활용

## 비즈니스 사례 평가

각 빅데이터 분석 수명주기의 시작은 분석의
정당성과 동기, 목표가 잘 정의된 비즈니스
사례 평가에서 시작한다. 그림 3.7에 나와 있
는 비즈니스 사례 평가 단계에서는 실제 분
석을 하기 전에 비즈니스 사례를 작성, 평가
하고 이를 승인하는 작업이 필요하다.

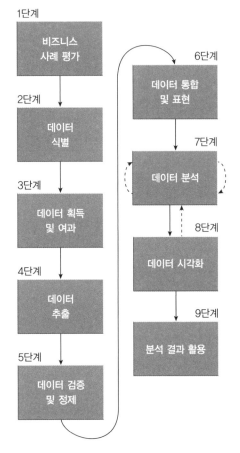

▲ **그림 3.6** 빅데이터 분석 수명주기의 9개 단계

빅데이터 분석을 수행한 비즈니스 사례 평가를 함으로써, 의사결정자들이 분석을 수행할
때 어떤 자원이 필요할지 어떤 문제를 분석해야 할지를 이해하는 데 도움을 줄 수 있다. 이
단계에서 핵심 성과 지표(KPI)를 추가로 확인하면 평가 기준을 결정하고 분석 결과를 평가
하는 데 도움이 된다. 만약 KPI를 쉽게 사용할 수 없을 경우, 분석 프로젝트 목표가 구체화
되고, 측정 가능하며, 달성 가능하고, 관련 있으며, 시기 적절하게 되도록(SMART : Specific,
Measurable, Attainable, Relevant, Timely) 노력이 필요하다.

비즈니스 사례에서 문서화된 요구사항에 따라, 비즈니스가 갖고 있는 문제가 진짜 빅데이
터 문제인지 결정할 수 있다. 빅데이터 문제는 빅데이터의 특징인 크기, 속도, 다양성과 직

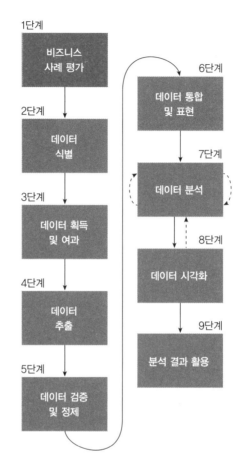

▶ **그림 3.7** 빅데이터 분석 수명 주기의 1단계

접적으로 연관되어 있는 비즈니스 문제를 일컫는다.

이 단계에서는 또한 분석 프로젝트에 실제로 필요한 예산을 결정하는 데 도움을 줄 수 있다. 프로젝트를 실행하기 전, 분석에 필요한 도구나 하드웨어, 교육과 같은 곳에 드는 비용에 대한 이해가 있어야 기대 효과와 그에 필요한 기대 비용을 비교할 수 있다. 초기의 빅데이터 분석 수명주기의 반복은 이후의 분석 수명주기보다 더 많은 빅데이터 기술, 제품, 교육에 대한 선행 투자가 필요하지만, 이를 통해 이후의 분석에서는 이들을 반복적으로 사용할 수 있다.

## 데이터 식별

그림 3.8에 있는 데이터 식별 단계에서는 분석 프로젝트에 필요한 데이터 세트와 이것의 소

▶ **그림 3.8** 빅데이터 분석 수명
주기의 2단계

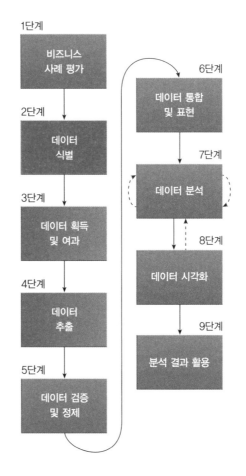

스를 식별한다.

　다양한 데이터 출처를 식별하게 되면 숨겨진 패턴과 연관성을 찾아낼 확률이 높아진다. 예를 들어 무엇을 찾아야 할지 명확하지 않은 경우, 가능한 한 많은 종류의 데이터 출처를 식별하는 것이 인사이트를 제공하는 데 도움이 된다.

　분석 프로젝트 대상 비즈니스 범위, 혹은 다루고자 하는 비즈니스 문제에 따라 필요한 데이터 세트는 기업 내부, 외부 혹은 양쪽 모두에서 가져와야 할 수도 있다.

　데이터 마트나 운영 시스템과 같은 내부 데이터 세트의 경우, 일반적으로 미리 정의된 데이터 세트 사양에 따라 축적된다.

　외부 데이터 세트의 경우, 데이터 마켓이나 공공 데이터와 같이 제3자가 누구나 사용 가능하도록 공급하는 데이터 세트들이 있다. 외부 데이터의 일부는 블로그 혹은 다른 유형의 콘텐츠 기반 웹 사이트에 존재할 수 있으며, 이럴 경우 자동화 도구를 통해 얻어야 할 수도 있다.

**데이터 획득 및 여과**

그림 3.9에 있는 데이터 획득 및 여과 단계에서는 이전 단계에서 식별된 데이터 출처에서 데이터를 획득한다. 획득한 데이터는 분석 목표에 부합하는지, 오염되지 않았는지 확인하여 제거하는 여과 단계를 거친다.

데이터 출처의 종류에 따라서, 데이터는 제3자 제공자에게 구입하는 방식처럼 파일 모음으로 되어 있을 수도 있고, 트위터처럼 응용 프로그래밍 인터페이스(Application Programming Interface, API)를 사용해서 얻어야 할 수도 있다. 특히 외부 혹은 비정형 데이터의 경우, 데이

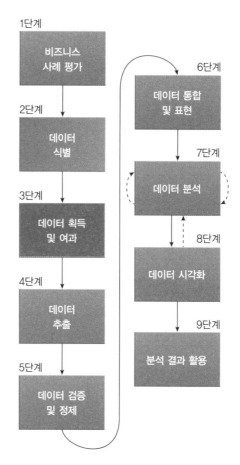

▶ **그림 3.9** 빅데이터 분석 수명 주기의 3단계

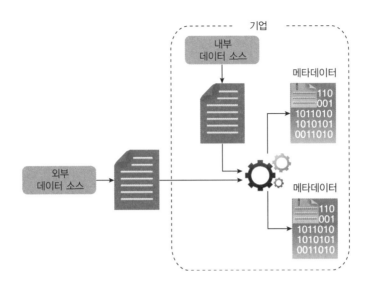

▲ **그림 3.10**  내부/외부 데이터에 메타데이터 정보가 추가된다.

터의 일부는 잡음과 같이 무관한 데이터일 수도 있으며, 여과 과정에 의해 제거될 수도 있다.

'오염된' 데이터는 데이터의 일부 값이 누락되거나 무의미하거나 혹은 유효하지 않은 타입의 데이터를 일컫는다. 어떤 분석에 대해서 여과된 데이터는 다른 종류의 분석을 할 때는 가치 있는 데이터일 수 있다. 그러므로 여과 과정을 거치기 전에 원본 데이터의 복사본을 저장해 놓는 것이 좋다. 저장 공간을 최소화하기 위해 복사본을 압축시키는 것도 좋다.

기업이 내부 혹은 외부 데이터를 생성하거나 획득하게 되면 그 데이터는 지속적으로 유지되어야 한다. 일괄 처리 분석을 할 경우, 이 데이터는 분석하기 전에 디스크에 저장된다. 실시간 분석의 경우 데이터는 분석이 먼저 되고 나서 디스크에 저장된다.

그림 3.10과 같이 내부/외부 데이터 출처로부터 자동적으로 메타데이터를 데이터에 추가시켜 분류, 쿼리의 성능 향상을 이끌어낼 수 있다. 메타데이터의 예시로는, 데이터 세트의 크기, 구조, 소스 정보, 생성 혹은 수집 날짜와 시간, 언어별 정보 등이 있다. 메타데이터는 반드시 기계가 읽을 수 있어야 하고, 이후 분석이 진행될 때에도 전달되어야 한다. 이 과정을 통하여, 빅데이터 분석 수명주기 전반에 걸쳐 데이터 출처를 유지 · 관리할 수 있으므로 데이터의 정확성과 품질을 유지 · 보존할 수 있다.

▶ **그림 3.11**  빅데이터 분석 수명
주기의 4단계

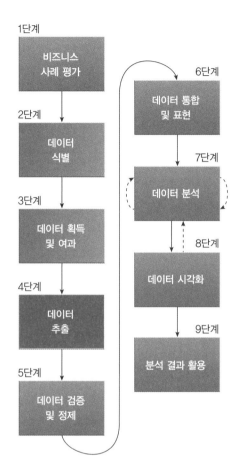

## 데이터 추출

분석에 필요한 입력 데이터의 일부는 빅데이터 솔루션에 적합하지 않은 형식을 갖고 있을 수 있다. 외부에서 얻은 데이터의 경우, 이러한 문제를 갖고 있을 가능성이 높다. 그림 3.11과 같이, 데이터 추출 주기 단계는 이런 상이한 데이터를 추출하고, 빅데이터 솔루션에 맞는 데이터 형식으로 변환하여 분석에 사용할 수 있도록 하는 과정이다.

　필요한 추출 및 변환의 범위는 분석 유형 및 빅데이터 솔루션의 기능에 따라 다르다. 예를 들어 웹 서버 로그 파일과 같은 경우, 빅데이터 솔루션이 그 파일들을 직접적으로 처리할 수 있으면 따로 로그 파일에 구분자를 적용하며 생성한 텍스트 데이터는 불필요할 수 있다.

　이와 같이, 빅데이터 솔루션이 문서의 고유 형식을 직접 인식할 수 있으면 텍스트 분석을 위해서 반드시 필요한 텍스트 추출 과정에서 전체 문서 스캔하는 과정이 단순해진다.

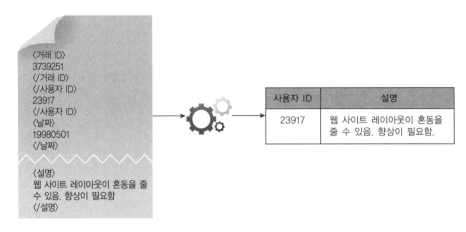

▲ **그림 3.12** XML문서에서 평가와 사용자 ID 추출

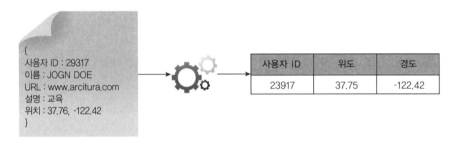

▲ **그림 3.13** 사용자 ID와 사용자의 위치 정보를 JSON 속성에서 추출

그림 3.12는 추가 정보 없이 XML 형식의 문서에서 사용자 ID와 의견을 추출하는 과정을 나타낸다.

그림 3.13은 JSON 파일에서 사용자의 위도, 경도 정보를 추출하는 과정을 나타낸다.

빅데이터 솔루션에서 요구하는 대로 데이터를 2개의 별도 필드로 구분하려면 추가 변환이 필요하다.

## 데이터 검증 및 정제

잘못된 데이터는 분석 결과를 왜곡, 위조할 수 있다. 데이터 구조가 미리 정해져 있고, 미리 검증되어 있는 전형적인 기업 데이터와는 달리 빅데이터 분석에 사용되는 데이터는 어떠한 검증 없이, 구조화되어 있지 않을 수도 있다. 빅데이터의 복잡성은 일련의 적합한 유효성 확

▶ **그림 3.14** 빅데이터 분석 수명 주기의 5단계

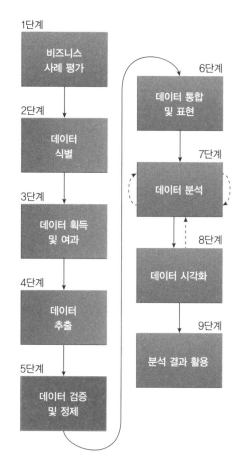

▲ **그림 3.15** 누락된 데이터를 채우기 위한 상호 연결된 데이터 세트의 유효성 검사

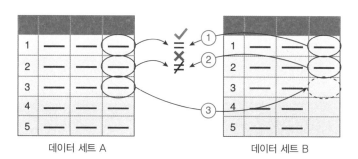

인을 더 어렵게 하기도 한다.

그림 3.14에 나와 있는 데이터 검증 및 정제 단계는 복잡한 검증 규칙을 만들거나, 알고 있는 잘못된 데이터를 제거하는 과정이다.

빅데이터 솔루션은 종종 서로 다른 데이터 세트에서 중복된 데이터가 입력된다. 이러한 중복성을 이용하여 데이터를 검증하고, 누락된 데이터를 채울 수 있다.

예를 들어, 그림 3.15에 나와 있는 것과 같이

- 데이터 세트 B의 첫 번째 값은 데이터 세트 A의 해당 값을 이용해 검증 통과된다.
- 데이터 세트 B의 두 번째 값은 데이터 세트 A의 해당 값을 이용해 검증 통과되지 않는다.
- 데이터 세트 B의 세 번째 값은 누락되어 있으므로, 데이터 세트 A의 해당 값이 삽입된다.

일괄 처리 분석의 경우 오프라인 ETL[Extraction(추출), Transformation(변환), Loading(적재) ― 역주] 작업을 통해 데이터 검증 및 정제 작업이 이뤄진다. 실시간 분석의 경우, 출처에서 도착한 데이터를 검증하고 정제하기 위해서는 더 복잡한 인메모리 시스템이 필요하다. 데이터의 출처는 의심스러운 데이터의 품질이나 정확성을 판단하는 데 매우 중요한 역할을 한다. 그림 3.16처럼 정확하지 않은 데이터로 보이더라도 숨겨진 패턴과 추세를 가지고 있을 수 있기 때문에 유용하다.

### 데이터 통합 및 표현

데이터는 여러 개의 데이터 세트에 분산되어 존재할 수 있으므로, 그 데이터 세트들은 날짜나 ID 같은 공통된 필드를 통해 함께 연결되어야 한다[결합 연산(join operation) ― 역주]. 반면, 생년월일과 같은 일부 데이터 필드는 여러 개의 데이터 세트에 공통되게 나타날 수 있다. 어떠한 경우든, 올바른 값을 가지는 데이터 집합을 결정해야 할 필요가 있다.

그림 3.17은 여러 개의 데이터 세트를 통합된 관점으로 볼 수 있도록 하는 데이터 통합 및

▲ **그림 3.16** 부정확한 데이터는 스파이크 형태로 나타난다. 데이터가 비정상적인 것처럼 보이더라도, 새로운 패턴을 나타낼 수 있다.

▶ **그림 3.17** 빅데이터 분석 수명 주기의 6단계

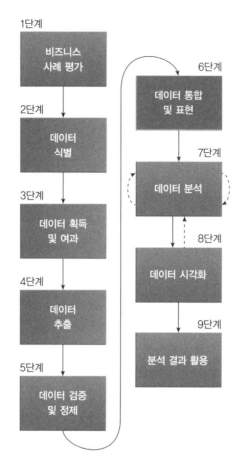

표현 단계를 나타낸다.

이 단계는 다음과 같은 차이점들 때문에 매우 어려운 작업을 수행해야 한다.

- 데이터 구조 : 데이터 형식은 같더라도 데이터 모델은 매우 다를 수 있다.
- 의미 : 성(surname)과 성씨(last name)와 같이, 서로 다른 데이터 세트에서 라벨이 다르게 되어 있더라도, 같은 의미를 내포하는 경우가 존재한다.

빅데이터 솔루션에 의해 처리되는 많은 양의 데이터를 통합하기 위해서는 매우 많은 시간과 노력이 필요하다. 그렇기 때문에, 이 작업은 사람의 개입이 없이 자동으로 실행되는 복잡한 로직이 필요하다.

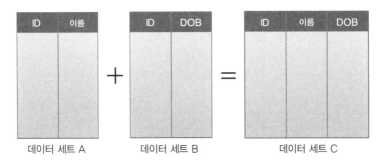

▲ **그림 3.18** 데이터 통합의 간단한 예시 : 두 데이터 세트가 ID 속성으로 통합

데이터의 재사용을 높이기 위해서, 이 단계에서는 향후의 데이터 분석 요구사항들이 고려 되어야 한다. 데이터 통합 필요 여부와 관계없이, 같은 데이터가 여러 형태로 저장될 수 있음 을 이해하는 것이 중요하다. 예를 들어, BLOB(Binary large Object)(이미지, 오디오, 동영상 이 이진 파일로 저장된 상태 — 역주) 형태로 저장되어 있는 데이터의 경우, 분석이 개별 데이 터 필드로 접근하는 것이 필요하다면, 거의 사용하지 못할 것이다.

빅데이터 솔루션에 의해 표준화된 데이터 구조는 여러가지 분석 기법 및 프로젝트에 공통 적으로 사용될 수 있다. 이를 위해서는 NoSQL(비구조화 질의어) 데이터베이스 같은 표준화 된 저장소를 구축해야 한다.

그림 3.19는 동일한 데이터가 두 가지 다른 형식으로 저장되어 있는 것을 보여준다. 데이 터 세트 A는 필요한 데이터를 포함하지만, 쿼리를 통해 쉽게 접근할 수 없는 BLOB 형식으 로 되어 있다. 데이터 세트 B는 같은 데이터를 나타내지만, 칼럼 기반 저장소에 있기 때문에, 각 필드를 개별적으로 쿼리할 수 있다.

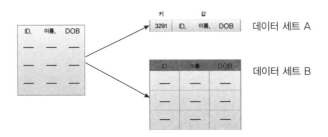

▲ **그림 3.19** 데이터 세트 A, B가 결합, 빅데이터 솔루션에 표준화된 구조를 생성

▶ **그림 3.20**  빅데이터 분석 수명 주기의 7단계

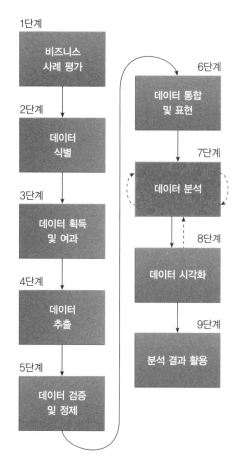

## 데이터 분석

그림 3.20에 나와 있는 데이터 분석 단계에서는 보통 한 가지 이상의 방법으로 실제 분석 작업을 수행한다. 이 단계는 본질적으로 반복적일 수 있는데, 특히 탐색적 데이터 분석의 경우, 적절한 패턴 혹은 상관관계를 밝혀낼 때까지 분석을 반복한다. 탐색적 분석 방법과 확증적 분석 방법에 관해서는 곧 설명하도록 하겠다.

필요한 분석 결과의 종류에 따라서, 이 단계는 단순 비교를 위한 집계를 계산하는 것처럼 매우 간단할 수도 있다. 반면, 데이터마이닝과 복잡한 통계 모델 기법을 사용하여 패턴을 찾거나 이상치 탐지를 하거나 혹은 변수 간의 관계를 묘사하는 수학적, 통계적 모델을 생성하는 경우 복잡할 수도 있다.

데이터 분석은 확증적 분석과 탐색적 분석으로 나눌 수 있고, 그림 3.21처럼 후자의 경우

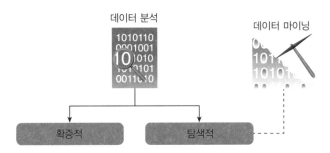

▲ **그림 3.21**  데이터 분석은 확증적 혹은 탐색적 분석으로 수행할 수 있다.

데이터마이닝과 연결된다.

확증적 데이터 분석은 관측된 현상의 원인을 제안하는 연역적 접근법이다. 여기서는 가설이라고 부르는 현상의 원인 혹은 가정이 먼저 제시된다. 그 후, 데이터를 분석하여 가설을 입증 혹은 반증하고, 특정 질문에 대해서 최종적인 답을 제시한다. 일반적으로 데이터 샘플링 기법이 활용된다. 미리 원인을 가정하기 때문에 가설과 다른 발견을 하거나 이상치가 탐지되는 경우 보통 무시한다.

탐색적 데이터 분석은 데이터마이닝과 연관된 귀납적 방법이다. 이 방법에서는 미리 가설을 세우거나 가정을 하지 않는다. 그 대신에, 현상의 원인에 대한 이해를 도출하기 위해 데이터를 탐색적으로 분석한다. 이 방법은 명확한 답을 제공하지 못하더라도, 패턴이나 이상치 탐지를 용이하게 할 수 있는 일반적인 방향을 제시한다.

## 데이터 시각화

분석가만이 분석 결과를 해석할 수 있다면, 많은 양의 데이터를 분석하고 유용한 인사이트를 도출하는 일은 별로 가치가 없을 것이다. 그림 3.22에 나와 있는 데이터 시각화 단계에서는 데이터 시각화 기법을 사용해서 분석 결과를 그림 형태로 나타내어 비즈니스 사용자들의 해석을 용이하게 한다.

비즈니스 사용자들은 분석 결과에서 가치를 창출할 수 있도록 분석 결과를 이해할 수 있어야 한다. 결과를 이해한 이후, 8단계에서 7단계로 이어지는 점선에 표시된 것과 같이 피드백을 제공할 수 있어야 한다.

데이터 시각화 단계를 완료함으로써 비즈니스 사용자들이 시각화 분석을 할 수 있도록 하

▶ **그림 3.22** 빅데이터 분석 수명
주기의 8단계

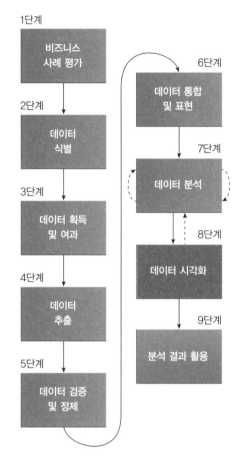

고, 이는 아직 정의되지 않은 문제에 대해서도 답을 발견할 수 있는 가능성을 만들어준 것이
다. 시각화 분석은 이 책의 뒷부분에서 다루도록 하겠다.

같은 결과라도 여러 가지 방법으로 나타내어질 수 있고, 이는 결과의 해석에도 영향을 미칠
수 있다. 따라서 비즈니스 도메인에서 가장 적합한 시각화 방법을 사용하는 것이 중요하다.

중요하게 여겨야 할 또 다른 점은 사용자들이 집계된 결과가 어떻게 생성되었는지 이해하
기 위해서 상대적으로 간단한 통계치를 드릴다운하는 방법을 제공하는 것이다.

### 분석 결과 활용

비즈니스 사용자들의 의사결정을 도와주기 위해 대시보드 같은 방법으로 분석 결과를 제공
한 뒤에는 분석 결과를 활용할 수 있는 기회가 더 많이 생긴다. 그림 3.23에 있는 분석 결과

▶ **그림 3.23** 빅데이터 분석 수명
주기의 9단계

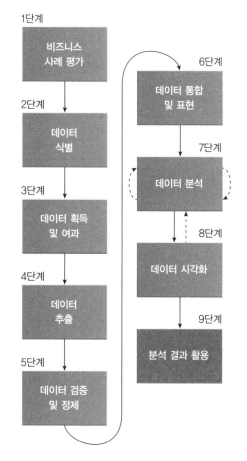

활용 단계에서는 분석된 데이터의 적합한 활용 장소와 방법을 결정한다.

분석 대상이 되는 문제의 특징에 따라, 분석 결과가 분석된 데이터에 내재되어 있는 패턴과 관계에 대한 새로운 인사이트를 제공하는 '모델'을 생성할 수 있다. 그 모델은 수식의 형태이거나(예를 들어, 고객의 6개월 내 이탈 가능성 스코어를 계산하는 수식 ― 역주) 일련의 규칙들로 이뤄졌을 수도 있다. 이 모델은 비즈니스 프로세스 로직과 응용 시스템 로직을 향상시킬 수 있으며, 새로운 시스템 혹은 프로그램의 기본을 형성할 수 있다.

이 단계에서 공통으로 다루는 부분에는 다음과 같은 사항들이 있다.

- 기업 시스템에 입력 : 데이터 분석 결과는 자동 혹은 수동으로 기업 시스템에 적용되어, 기업의 운영 최적화 및 실적 향상에 이용된다. 예를 들어, 고객 관련 분석 결과를 온라

인 상점에 적용하여 제품을 추천하는 방법에 영향을 줄 수 있다. 새로운 모델은 기존 기업 시스템의 프로그래밍 로직을 향상시키는 데 사용되거나 새로운 시스템의 기초를 형성한다.

- 비즈니스 프로세스 최적화 : 식별된 패턴, 상관관계, 분석 중 발견된 이상치는 비즈니스 프로세스를 개선하는 데 사용된다. 예를 들어, 공급망 프로세스의 일부로 운송 루트를 통합하는 경우가 있다. 이런 모델은 비즈니스 프로세스 로직을 향상시킬 수 있는 기회를 제공한다.

- 경고 : 데이터 분석 결과는 기존 경고 시스템에 입력되거나, 새로운 경고 시스템의 기초를 형성할 수 있다. 예를 들어, 조치를 취해야 하는 사건이 발생할 경우, 사용자에게 이메일이나 SMS를 통해 경고를 할 수 있다(신용카드 해외 사기 사용 시, 고객에게 알림 문자 발송 — 역주).

**사례연구**

ETI의 IT팀 대다수는 빅데이터가 현재 존재하는 모든 문제를 해결할 수 있을 거라고 확신한다. 그러나 빅데이터 교육을 받은 IT팀원들은 빅데이터를 도입하는 것이 단순히 기술 플랫폼을 도입하는 것과는 다르다고 지적한다. 성공적으로 빅데이터를 도입하려면, 이에 앞서 많은 것들이 고려되어야 한다. 먼저 비즈니스 관련 요소들을 완전히 이해하기 위해서, IT팀은 비즈니스 관리자들과 협력하여 타당성 보고서를 작성한다. 비즈니스 인력들을 초기 단계에 참여시키면, 경영진의 기대치와 IT가 실제로 제공할 수 있는 것과의 차이를 줄이는 데 도움이 된다(초기 단계뿐 아니라 전 과정에 참여해야만 성공할 수 있음 — 역주).

빅데이터 도입은 비즈니스 지향적이며, ETI가 목표를 이루는 데 도움을 줄 것이다. 빅데이터는 대용량의 비정형 데이터를 저장 및 처리하고 여러 개의 데이터 세트들을 결합함으로써 ETI가 잠재고객의 위험성을 이해하는 데 도움이 된다. 결과적으로 회사는 덜 위험한 사람들만 고객으로 받아들여 손실을 최소화하고자 한다. 마찬가지로 비정형화된 고객의 행동 데이터를 조사하고 비정상적인 행동을 찾는다면, 사기성 청구를 거부할 수 있기 때문에 손실을 줄이는 데 도움이 될 것이다.

IT팀에게 빅데이터 분야를 교육시키기로 결정을 내림으로써, ETI는 빅데이터 도입에 대한 준비를 하게 된다. 이제 IT팀은 빅데이터 도입을 하기 위한 기본적인 기술을 갖췄다고 생각한다. 기존에 식별되고 분류된 데이터에 필요한 기술을 결정하는 포지션에 팀이 배치된다. 비즈니스 관리 팀의 초기 참여는 향후 발생할 수 있는 비즈니스 요구사항에 맞춰서 빅데이터 솔루션 플랫폼을 계속 유지할 수 있는 인사이트를 제공하게 된다.

이러한 예비 단계에서는 소셜 미디어 및 인구 데이터 같은 몇 개의 외부 데이터 소스들만 식별되었다. 제3자에게서 데이터를 획득하는 데 충분한 예산을 배정할 것도 의결되었다. 개인 정보 보호와 관련하여, 고객에 대한 추가 정보를 획득함으로써 고객의 불신이 촉발될 수 있기 때문에 비즈니스 사용자들은 조금은 조심한다. 그러나 고객의 동의와 신뢰를 얻기 위해서 보험료를 낮추는 등의 정책을 도입할 수 있을 것이다. 보안 문제를 고려할 때, IT팀은 빅데이터 솔루션 환경에 있는 데이터에 대해 표준화된 역할 기반 액세스 제어가 이뤄지도록 추가적인 개발 노력이 필요할 것이라고 말한다. 이는 특히 비관계형 데이터를 저장하는 오픈소스 데이터베이스와 관계 있는 문제다.

비즈니스 사용자들은 비정형 데이터를 활용한 분석을 수행할 수 있다는 것에 흥미를 보이기도 하지만, 그들은 제3자에게서 데이터를 제공받는다는 점을 염려하여, 분석 결과의 신뢰도에 대해서 의문을 제기한다. 이에 대해 IT팀은 저장 및 처리된 각 데이터 세트에 대해서 메타데이터를 추가 및 업데이트하는 프레임워크를 도입하여, 출처가 항상 유지되고 처리 결과가 어떤 데이터 소스에서 온 것인지 되돌아볼 수 있도록 할 예정이라고 답했다.

ETI의 목표에는 보험 청구를 하는 데 드는 시간 단축 및 사기 보험금 청구 탐지도 포함된다. 이러한 목표를 위해서는 결과를 적시에 제시하는 솔루션이 필요하다. 그러나 실시간 데이터 분석이 지원되어야 할 필요는 없을 것으로 보인다. IT팀은 오픈소스 빅데이터 기술을 사용하는 일괄 처리 기반 빅데이터 솔루션으로도 이러한 목표를 달성할 수 있을 것이라 생각한다.

ETI의 현 IT 시설은 비교적 오래된 네트워크 표준을 갖추고 있다. 마찬가지로, 프로세서 속도, 디스크 용량 및 속도 등 현재 대부분의 서버 사양은 데이터 처리 성능 최적화에 적합하지 않다. 따라서 빅데이터 솔루션을 설계 및 도입하기 전에 IT 시설을 업그레이드할 필요가 있다는 것이 의결되었다.

서로 다른 데이터 소스의 표준화 및 개인 정보 보호 관련 규정을 준수하기 위해서, 비즈니스팀과 IT팀 모두 빅데이터 거버넌스 프레임워크의 도입이 필요하다고 강력히 주장한다. 또한, 데이터 분석의 비즈니스적 초점과 유의미한 분석 결과 창출을 위해서, 관련 부서의 팀원이 포함된 반복적인 데이터 분석 방법이 결정되었다. 예를 들어, '고객 관리 향상' 주제에서는 데이터 분석 과정에 마케팅 및 영업 팀의 팀원이 참여하여 데이터 세트 선택 시 주제와 관련된 속성들만 선택할 수 있다. 이후 비즈니스팀에서는 분석 결과의 해석 및 적용 가능성에 대해서 좋은 피드백을 제공할 수 있다.

클라우드 컴퓨팅에 관하여 조사한 결과, IT팀은 현재 어떤 시스템도 클라우드에 호스팅되어 있지 않으며, 클라우드와 관련된 기술도 갖추지 않은 것으로 나타났다. 데이터 정보 보안 문제와 관련된 이러한 이슈들로 인하여 IT팀은 빅데이터 솔루션을 직접 사내에 설치하기로 결정했다. 하지만 자체 CRM 시스템이 이후 클라우드 호스팅 기반의 서비스형 소프트웨어 CRM 솔루션으로 대체될 수 있기 때문에, 클라우드 기반 호스팅 방법 또한 옵션으로 남겨두기로 한다.

## 빅데이터 분석 수명주기

이제 ETI는 IT팀이 필요한 기술들을 보유하고, 경영진이 빅데이터 솔루션이 비즈니스 목표에 도움을 줄 수 있는 가능성이 있다고 믿게 되었다. 이제 CEO와 이사진들은 실제 빅데이터 적용 사례를 보고 싶어 했다. 이에 대해 IT팀과 비즈니스팀은 ETI의 첫 빅데이터 프로젝트를 시작하게 된다. 철저한 평가 과정을 거친 후, 빅데이터 솔루션이 도입될 첫 번째 주제는 '사기 보험금 청구 탐지'로 결정되었다. 이러한 목표를 이루기 위해 단계별 접근 방식을 따라 빅데이터 분석 수명주기 분석을 진행했다.

## 비즈니스 사례 평가

'사기 보험금 청구 탐지'에 대한 빅데이터 분석은 금전적 손실을 줄이는 것과 직접적으로 연관되어 있기 때문에 비즈니스에 직접적으로 도움을 준다. ETI의 네 가지 비즈니스 부문에서 모두 사기가 발생하지만, 다소 간단하게 하기 위해 빅데이터 분석 범위를 건물 부문의 사기 파악에 국한한다.

ETI는 국내 및 민간 고객에게 건물 보험과 손해 보험을 제공한다. 보험 사기는 우발적 혹은 조직적으로 발생할 수 있지만, 대부분의 보험 사기는 거짓말 혹은 과장 등의 우발적인 특성을 갖고 있다. 사기 탐지 문제에 빅데이터 솔루션을 적용했을 때, 성공의 척도를 측정하기 위해 설정된 KPI 중의 하나는 사기 보험금 청구 사례를 15% 정도 줄이는 것이다.

예산을 감안하였을 때, 분석팀은 빅데이터 솔루션 환경에 적합한 시설을 갖추는 데 가장 많이 투자하기로 결정하였다. 일괄 처리 방식을 지원하기 위해서 오픈소스 기술을 사용할 것이기 때문에 장비를 갖추는 데 많은 초기 투자가 필요하지 않다고 생각하였다. 그러나 전반적인 빅데이터 분석 수명주기를 고려할 때, 추가적인 데이터 획득, 데이터 정제, 그리고 새로운 데이터 시각화 기술을 도입하는 데 더 많은 예산을 투입해야 된다는 것을 깨달았다. 비용 편익 분석을 수행한 결과, 만일 빅데이터 솔루션이 목표 사기 탐지 KPI를 달성한다면, 그에 대한 투자는 비용보다 몇 배의 수익을 창출할 수 있을 것이라 결론이 내려졌다. 이러한 분석 결과처럼, IT팀은 빅데이터를 적용한 좋은 비즈니스 기회가 존재한다고 믿는다.

## 데이터 식별

다수의 내부/외부 데이터가 식별되었다. 내부 데이터에는 보험 증서 데이터, 보험 신청 서류, 보험료 청구 데이터, 손해사정사의 기록, 사건 사진(incident photographs) 및 콜센터 상담원의 기록 및 이메일 등이 있다. 외부 데이터에는 소셜 미디어 데이터(트위터 피드), 일기예보, 지리 정보(GIS), 인구 데이터 등이 있다. 모든 데이터 세트들은 5년 치를 확보했다. 보험료 청구 데이터는 여러 개의 필드를 갖는 과거 보험금 청구 데이터들로 이뤄져 있는데, 그 필드 중 하나에는 과거 청구의 합법 여부가 기록되어 있다.

### 데이터 획득 및 여과

보험 증서 데이터는 보험 증서 관리 시스템에서, 보험금 청구 데이터와 사고 사진 및 손해사 정사의 기록은 보험금 청구 관리 시스템에서, 보험금 신청 서류는 문서 관리 시스템에서 가져 온다. 손해사정사의 기록은, 보험금 청구 데이터에 포함되어 있다. 그러므로 이 기록을 추출 하기 위한 별도의 과정이 필요하다. 콜센터 상담원의 기록 및 이메일은 CRM 시스템에서 얻 는다.

　나머지 데이터 세트들은 제3의 데이터 제공자에게서 획득한다. 모든 원본 데이터 세트의 복사본이 디스크에 저장된다. 각 데이터 세트의 출처를 파악하기 위해, 데이터 세트의 이름, 소스, 크기, 형식, 합계, 획득 일자, 레코드 수와 같은 메타데이터들은 계속 추적된다. 트위터 피드 및 일기예보 데이터를 빠르게 확인해 보니 4~5%가량의 데이터들이 손상되어 있는 것을 확인할 수 있다. 따라서 손상 레코드를 제거하기 위해 2개의 일괄 처리 데이터 정제 작업이 실시된다.

### 데이터 추출

IT팀은 필요한 필드를 추출하기 위해서, 몇 개의 데이터 세트들을 전처리해야 할 필요가 있음 을 알게 되었다. 예를 들어, 트위터 데이터 세트의 경우 JSON 형식으로 되어 있다. 트윗을 분 석하기 위해서는 사용자 ID, 시간대, 그리고 트윗 텍스트를 추출해서 표 형식으로 변환해야 한 다. 게다가 날씨 데이터 세트는 계층적 형식(XML)으로 되어 있고, 시간대, 기온, 풍속, 풍향 예 보 및 눈, 폭우 예보에 관한 정보도 추출해서 표 형식으로 저장된다.

### 데이터 검증 및 정제

ETI는 비용을 줄이기 위해, 100%의 정확성이 보증되지 않는 무료의 날씨, 인구 데이터 세트 들을 사용하고 있다. 그렇기 때문에 이 데이터 세트들을 검증하고 정제해야 한다. 공개된 필 드 정보를 바탕으로, IT팀은 추출한 필드에 대해 데이터 타입, 범위 유효성, 입력 오류 및 부 정확성 검사를 수행할 수 있다. 필드에 유효하지 않은 데이터가 포함되어 있어도 의미 있는 정보가 포함되어 있으면 해당 레코드는 제거되지 않는다는 규칙을 설정한다.

### 데이터 통합 및 표현

유의미한 데이터 분석을 하기 위해, 데이터 쿼리를 통해 각 필드를 참조할 수 있는 테이블 형식의 단일 데이터 세트에 보험 증서 데이터, 청구 데이터, 콜센터 상담원의 기록을 같이 통합하기로 했다. 이런 작업을 통해 나온 결과물은, 현 데이터 분석인 사기 보험금 청구 탐지에만 사용할 것이 아니라, 위험도 측정 및 신속한 보험금 청구 해결 등과 같이 다른 목적의 데이터 분석에도 사용할 수 있을 것이다. 통합 데이터 세트는 NoSQL 데이터베이스에 저장된다.

## 데이터 분석

이 단계에서, IT팀은 사기 보험금 청구 탐지를 위한 데이터 분석 기술이 없으므로 데이터 분석가가 필요하다. 사기를 발견하기 위해서, 사기 보험금 청구는 적법한 보험금 청구와 달리 어떤 특징을 갖고 있는가를 먼저 분석해야 한다. 이를 위해 탐색적 데이터 분석 방법을 수행한다. 이 분석을 하기 위해서는 다양한 기법들을 적용하여 분석하는데, 이 중 일부는 제8장에서 설명한다. 사기 보험금 청구와 적법한 보험금 청구의 결정적으로 다른 특징을 찾아낼 때까지 이 단계를 반복한다. 이러한 과정에서, 사기 보험금 청구와 덜 연관된 속성들을 제거하고, 연관된 속성들은 유지하거나 추가하는 작업도 수행한다.

## 데이터 시각화

마침내 몇 가지 흥미로운 사실들을 발견했고, 분석 결과를 보험 계리사, 보험 심사역 및 손해사정사에게 전달해야 한다. 이때 막대 그래프, 선 그래프, 산점도와 같이 다양한 시각화 기법들을 사용한다. 산점도는 사기성 청구, 적법한 청구를 그룹화해서, **고객 연령**, **보험 발행 시점**으로부터 **지난 기간**, 과거 **보험금 청구 기록 및 금액** 등의 요소들에 대해 어떠한 차이점이 있는지 분석하기 위해 사용된다.

## 분석 결과 활용

데이터 분석 결과를 바탕으로, 보험 발행 업체와 보험금 지급 업자들은 사기 보험금 청구의 특징에 대해 알게 되었다. 그러나 이런 데이터 분석에서 실제로 이익을 얻으려면 기계 학습 기반의 모델을 생성하고, 이를 현재 보험금 청구 처리 시스템에 같이 적용하여 사기성 보험금 청구라고 실제로 판단할 수 있도록 해야 한다. 이때 필요한 기계 학습 기법은 제8장에서 논의될 것이다.

제4장

# 엔터프라이즈 기술과
# 빅데이터 비즈니스 인텔리전스

- 온라인 트랜잭션 처리
- 온라인 분석 처리
- 추출 변환 적재
- 데이터 웨어하우스

- 데이터 마트
- 전통적 비즈니스 인텔리전스
- 빅데이터 비즈니스 인텔리전스

BIG DATA
FUNDAMENTALS

제2장에서 묘사된 바와 같이 계층화된 시스템으로 작동하는 기업에서는 전술 계층이 운영 계층을 제어하는데, 이 전술 계층을 제어하는 것이 전략 계층이다. 이 두 계층 간의 역할 분담은 성과 지표를 통해 나타내며, 프로세스가 어떻게 실행되는지에 대한 통찰력을 운영 계층에 제공한다. 이러한 종류의 측정치들은 핵심 성과 지표(KPI) 형성을 목표로 통합되고 향상되며, 전술적 계층의 관리자는 이를 통해 기업의 성과 또는 사업의 운영을 평가할 수 있다. 핵심 성과 지표는 다른 측정치들과 연관되어 중요한 성공 요인을 이해하고 평가하는 데 사용된다. 궁극적으로, 이러한 일련의 과정은 데이터를 정보로, 정보를 지식으로, 지식을 지혜로 탈바꿈하는 과정과 일치한다.

이 장에서는 변환을 지원하는 엔터프라이즈 기술에 대해 설명한다. 데이터는 조직의 운영 단계 정보 시스템에 보관된다. 또한 쿼리문과 함께 데이터베이스 구조가 활용되어 정보를 생성한다. 분석의 계층에서 상위 레벨에 분석 처리 시스템(analytic processing system)이 있다. 이 시스템은 다차원 구조를 활용하여 복잡한 쿼리문에 응답하고 기업 운영에 대한 더 깊은 통찰력을 제공한다. 규모가 커지면 전사적으로 데이터가 수집되고 데이터 웨어하우스에 보관된다. 이러한 데이터 저장소를 통해 경영자는 광범위한 기업 성과 및 핵심 성과 지표에 대한 인사이트를 얻는다.

이 장은 다음의 주제를 다룬다.

- 온라인 트랜잭션 처리(Online Transaction Processing, OLTP)
- 온라인 분석 처리(Online Analytical Processing, OLAP)
- 추출 변환 적재(Extract Transform Load, ETL)
- 데이터 웨어하우스(Data Warehouses)
- 데이터 마트(Data Marts)
- 전통적 비즈니스 인텔리전스(Traditional BI)
- 빅데이터 비즈니스 인텔리전스(Big Data BI)

## 온라인 트랜잭션 처리

온라인 트랜잭션 처리(OLTP)는 트랜잭션 지향 데이터를 처리하는 소프트웨어 시스템이다. 온라인 트랜잭션은 실시간으로 처리가 완료됨을 나타내며, 일괄 처리되지 않는다. 정규화된 운영 데이터는 온라인 트랜잭션 처리 시스템에 저장한다. 이 데이터는 정형화된 데이터의 공통 소스이며 많은 분석 프로세스에 입력의 역할을 수행한다. 빅데이터 분석 결과를 사용하여 기본 관계형 데이터베이스에 저장된 온라인 트랜잭션 처리 데이터를 보강할 수도 있다. 온라인 트랜잭션 처리 시스템(예 : POS 시스템)은 기업 운영을 지원하기 위한 비즈니스 프로세스를 실행한다. 그림 4.1에서 볼 수 있듯이, 관계형 데이터베이스에 대한 트랜잭션을 수행한다. 온라인 트랜잭션 처리 시스템이 지원하는 쿼리문은 1초 미만의 응답 시간을 갖는 간단한 삽입, 삭제 및 업데이트 작업으로 구성된다. 티켓 예약 시스템, 뱅킹 및 POS 시스템이 그 예이다.

비즈니스 프로세스          빠르고 간단한          관계형 데이터베이스
                          쿼리                 관리 시스템(RDBMS)

▲ **그림 4.1** 온라인 트랜잭션 처리 시스템은 간단한 데이터베이스 작업을 수행하고 1초 미만의 응답 시간을 제공한다.

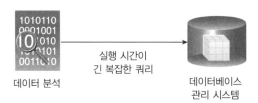

▲ **그림 4.2** 온라인 분석 처리 시스템은 다차원 데이터베이스를 사용한다.

## 온라인 분석 처리

온라인 분석 처리(OLAP) 시스템은 데이터 분석 쿼리 처리에 사용된다. 온라인 분석 처리는 비즈니스 인텔리전스, 데이터마이닝 및 기계 학습 프로세스의 필수 요소인데, 데이터 출처 뿐만 아니라 데이터를 수신할 수 있는 데이터 싱크 역할을 할 수 있다는 점에서 빅데이터와 연관이 있다. 온라인 분석 처리를 사용하여 진단, 예측 및 규범적 분석을 수행할 수 있다. 그림 4.2에서 볼 수 있듯이 온라인 분석 처리 시스템은 고급 분석 수행을 위해 구조가 최적화된 다차원 데이터베이스를 대상으로 실행 시간이 긴 복잡한 쿼리를 수행한다.

온라인 분석 처리 시스템은 집계 및 비정규화된 기록 데이터를 저장하여 빠른 보고 기능을 지원한다. 또한 다차원 구조의 과거 데이터를 저장하는 데이터베이스를 사용하며 데이터의 여러 측면 간 관계를 기반으로 복잡한 쿼리에 응답할 수 있다.

## 추출 변환 적재

추출 변환 적재(Extract Transform Load, ETL)는 출처가 되는 시스템에서 대상 시스템으로 데이터를 불러오는 프로세스이다. 출처가 되는 시스템은 데이터베이스, 파일 또는 응용 프로그램이 될 수 있다. 마찬가지로 대상 시스템은 데이터베이스 또는 다른 스토리지 시스템이 될 수 있다.

추출 변환 적재는 데이터 웨어하우스에 데이터가 공급되는 주요 작업을 나타낸다. 빅데이터 솔루션은 다양한 유형의 데이터를 변환하기 위한 추출 변환 적재 기능 세트를 포함한다. 그림 4.3은 필요한 데이터가 출처에서 처음으로 추출되고, 추출된 후 규칙에 의해 수정되거나 변형된 것을 보여준다. 마지막으로 데이터가 대상 시스템에 삽입되거나 불러오게 된다.

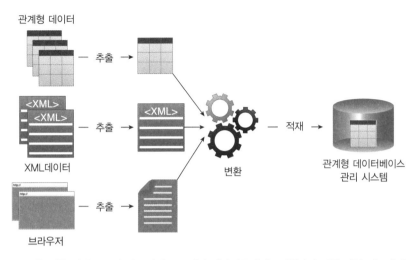

▲ **그림 4.3** 추출 변환 적재 프로세스는 여러 소스에서 데이터를 추출, 변환하여 단일 대상 시스템에 적재한다.

## 데이터 웨어하우스

데이터 웨어하우스는 과거와 현재의 데이터로 구성된 중앙의 전사적 데이터 저장소이다. 데이터 웨어하우스는 다양한 분석 쿼리를 실행하기 위해 비즈니스 인텔리전스에서 주로 사용되며 그림 4.4와 같이 다차원 분석 쿼리를 지원하기 위해 일반적으로 온라인 분석 처리 시스템과 상호작용한다.

서로 다른 운영 체제의 여러 비즈니스 개체에 관한 데이터는 주기적으로 추출되어 유효성

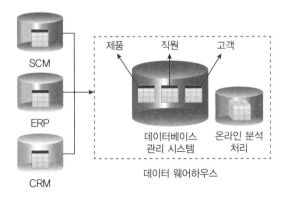

▲ **그림 4.4** 일괄 처리 작업은 ERP, CRM 및 SCM과 같은 운영 시스템에서 정기적으로 데이터 웨어하우스에 데이터를 로드한다.

검사 및 변환을 거친 후 단일 비정규화 데이터베이스(single denormalized database)로 통합된다. 기업 전체에서 주기적으로(1주 1회 — 역주) 데이터를 가져올 경우 주어진 데이터 웨어하우스에 포함된 데이터의 양은 계속 증가할 것이다. 시간이 지남에 따라 데이터 분석 작업에 대한 쿼리문 응답 시간이 느려진다. 이러한 단점을 해결하기 위해 데이터 웨어하우스에는 일반적으로 보고 데이터베이스와 분석 데이터베이스로 최적화된 데이터베이스가 포함되어 있다. 분석 데이터베이스는 데이터 분석 작업을 처리할 수 있는데, 온라인 분석 처리 데이터베이스의 경우와 같이 별도의 데이터베이스 관리 시스템으로 존재할 수 있다.

## 데이터 마트

데이터 마트(Data Mart)는 일반적으로 부서, 부문 또는 특정 사업 라인에 속하는 데이터 웨어하우스에 저장된 데이터의 하위 집합이다. 데이터 웨어하우스에는 여러 데이터 마트가 있을 수 있다. 그림 4.5에서 볼 수 있듯이 전사적 데이터가 수집되고 비즈니스 개체가 추출된다. 특정 영역의 개체는 추출 변환 적재 프로세스를 통해 데이터 웨어하우스에 보관된다.

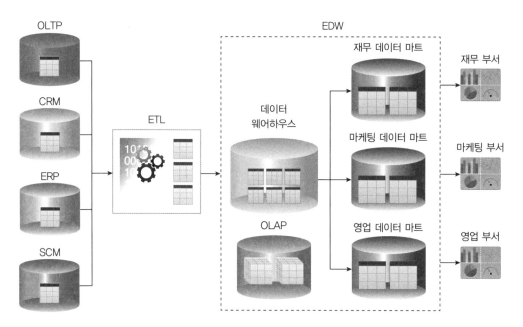

▲ **그림 4.5** 데이터 웨어하우스는 정제된 데이터를 기반으로 하여 '진실'(Truth) 값을 출력한다. 이는 오류 없이 정확한 보고서를 작성하기 위한 전제조건이다.

## 전통적 비즈니스 인텔리전스

전통적인 비즈니스 인텔리전스는 주로 설명 및 진단 분석을 사용하여 과거 및 현재 이벤트에 대한 정보를 제공한다. 그러나 사전에 정의된 틀에 정확히 맞추어진 질문에 대해서만 답을 제공하므로 '지적이지 않은(not intelligent)' 것으로 간주된다. 질문을 정확히 틀에 맞추려면 비즈니스 문제와 데이터 자체에 대한 이해가 필요하다. 비즈니스 인텔리전스는 다른 핵심 성과 지표를 다음 방법을 통해 보고한다.

- 애드혹(Ad-hoc) 보고
- 대시보드

### 애드혹 보고

애드혹 보고는 그림 4.6에서와 같이 데이터를 수동으로 처리하여 맞춤형 보고서를 작성하는 과정이다. 이러한 형태의 보고서는 일반적으로 마케팅 또는 공급망 관리와 같은 사업의 특정 영역에 초점을 맞춘다. 생성된 사용자 정의 보고서는 사실상 상세하게 작성되고 종종 표 형식도 포함된다.

### 대시보드

대시보드는 핵심 사업 영역에 대한 전체적인 관점을 제공한다. 대시보드에 표시되는 정보는

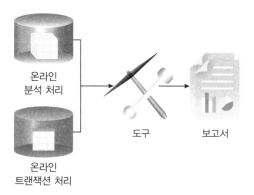

온라인
분석 처리

온라인
트랜잭션 처리

도구　　　보고서

▲ **그림 4.6**　온라인 분석 처리 및 온라인 트랜잭션 처리 데이터 소스는 비즈니스 인텔리전스 도구에서 애드혹 보고 및 대시보드용으로 사용할 수 있다.

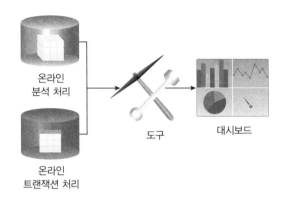

온라인
분석 처리

온라인
트랜잭션 처리

도구

대시보드

▲ **그림 4.7** 비즈니스 인텔리전스는 온라인 분석 처리 및 온라인 트랜잭션 처리를 통해 대시보드에 정보를 표현한다.

주기적으로 실시간 또는 거의 실시간으로 생성된다. 대시보드의 데이터 표현은 그림 4.7과 같이 막대 차트, 파이 차트 및 게이지를 사용하여 도식화하여 표시된다(마치 자동차 대시보드가 운전자에게 속도, RPM, 엔진 온도, 연료량과 같은 핵심적인 정보들을 제공하듯이 — 역주).

앞에서 설명한 것처럼 데이터 웨어하우스 및 데이터 마트에는 전사적 사업 개체(entity)에 대한 통합되고 검증된 정보가 포함되어 있다. 기존 비즈니스 인텔리전스는 보고 목적으로, 비즈니스 인텔리전스가 필요로 하는 최적화되고 분리된 데이터를 포함하고 있기 때문에 데이터 마트가 없으면 효과적으로 기능할 수 없다.

데이터 마트가 없으면 쿼리문을 실행할 필요가 있을 때마다 애드혹 기반으로 ETL 과정을 통해 데이터 웨어하우스에서 데이터를 추출해야 한다. 이 방법으로는 쿼리문을 실행하고 보고서를 생성하는 시간과 노력이 늘어난다.

기존 비즈니스 인텔리전스는 보고 및 데이터 분석을 위해 데이터 웨어하우스 및 데이터 마트를 사용한다. 그림 4.8에서 볼 수 있듯이 여러 조인 및 통합이 있는 복잡한 데이터 분석 쿼리문을 허용하기 때문이다.

## 빅데이터 비즈니스 인텔리전스

빅데이터 비즈니스 인텔리전스는 데이터 웨어하우스에서 정리되고 통합된 전사적 데이터를

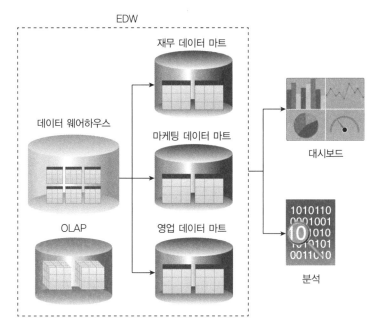

▲ **그림 4.8** 전통적 비즈니스 인텔리전스의 예

처리하고 반정형 데이터 소스 및 비정형 데이터 소스와 결합하여 기존 비즈니스 인텔리전스를 기반으로 구성된다. 기업 성과에 대한 전사적 이해를 촉진하기 위한 예측 분석 및 처방 분석을 모두 포함한다.

전통적인 비즈니스 인텔리전스 분석은 일반적으로 개별 비즈니스 프로세스에 중점을 두지만 빅데이터 비즈니스 인텔리전스는 여러 비즈니스 프로세스에 동시에 초점을 맞춘다. 이를 통해 기업 내에서 보다 광범위한 범위의 패턴과 이상치를 파악할 수 있다. 또한 이전에 존재하지 않았거나 알 수 없었던 통찰력과 정보를 식별하여 데이터 발견을 유도한다.

빅데이터 비즈니스 인텔리전스는 기업 데이터 웨어하우스에 있는 비정형, 반정형 그리고 정형 데이터를 분석해야 한다. 이를 위해 새로운 기능과 기술을 사용하여 다양한 소스에서 가져온 정리된 데이터를 하나의 동일한 데이터 형식으로 저장하는 차세대 데이터 웨어하우스가 필요하다. 기존의 데이터 웨어하우스와 이러한 신기술을 결합하면 하이브리드 데이터 웨어하우스가 생성된다. 이 데이터 웨어하우스는 모든 필수 데이터가 포함된 빅데이터 비즈니스 도구를 제공할 수 있는 정형화된, 반정형 및 비정형 데이터의 통일된 중앙 저장소 역할을 한다. 따라서 반정형 도구가 여러 데이터 소스에 연결하여 데이터를 검색하거나 참조해

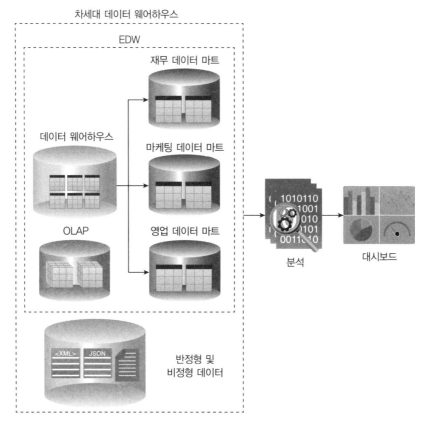

▲ **그림 4.9** 차세대 데이터 웨어하우스

야 할 필요가 없다. 차세대 데이터 웨어하우스는 다양한 데이터 원본에 표준화된 데이터 액세스 계층을 설정하는 것을 그림 4.9를 통해 시각적으로 표현하였다.

## 전통적 데이터 시각화

데이터 시각화는 차트, 지도, 데이터 그리드, 인포그래픽(infographic) 및 경고(alert)와 같은 요소를 사용하여 분석 결과를 그래픽으로 전달하는 기술이다. 그래픽으로 데이터를 표현하면 보고서를 더 쉽게 이해하고 경향을 보고 패턴을 식별할 수 있다.

전통적인 데이터 시각화(Traditional Data Visualization)가 대부분 정적인(static) 차트와 그래프를 보고서와 대시보드에 제공하는 반면, 최근의 데이터 시각화 도구는 대화형(interactive)이며 데이터에 대한 요약과 좀 더 다양하고 자세한 시각을 제공한다. 전문적인 통계 및 수학 배경지식을 요하는 스프레드시트에 의지하지 않고도 분석 결과를 더 잘 이해할 수 있도록 도와준다.

　전통적인 데이터 시각화 도구는 관계형 데이터베이스, 온라인 분석 처리 시스템, 데이터 웨어하우스 그리고 스프레드시트의 데이터를 쿼리문을 통해 설명 분석 결과와 진단 분석 결과를 모두 제공한다.

## 빅데이터 시각화

빅데이터 솔루션은 정형, 반정형 그리고 비정형 데이터 소스에 원활하게 적용할 수 있는 데이터 시각화 도구가 필요하며, 수백만 개의 데이터를 처리할 수 있어야 한다. 빅데이터 솔루션용 데이터 시각화(visualization) 도구는 일반적으로 기존의 디스크 기반 데이터 시각화 도구로 인한 대기 시간을 줄이는 인메모리(in-memory) 분석 기술을 사용한다.

　빅데이터 솔루션을 위한 고급 데이터 시각화 도구는 예측, 분석 처방 분석 및 데이터 변환 기능을 통합한다. 이러한 도구를 사용하면 추출 변환 적재와 같은 데이터 사전 처리 방법을 거칠 필요를 줄인다. 이 도구는 또한 정형, 반정형 그리고 비정형 데이터 원본에 직접 연결할 수 있는 기능을 제공한다. 빅데이터 솔루션의 일부인 고급 데이터 시각화 도구는 빠른 데이터 액세스를 위해 메모리에 유지되는 정형 데이터와 비정형 데이터를 결합할 수 있다. 쿼리문 및 통계 공식은 대시보드와 같이 사용자 친화적인 형식으로 데이터를 보기 위한 다양한 데이터 분석 작업의 일부로 적용될 수 있다.

　빅데이터에서 사용되는 시각화 도구의 일반적인 특징은 다음과 같다.

- **통합** — 여러 상황(context)에서 전체적으로 요약된 데이터 시각(view)을 제공한다.
- **드릴다운** — 요약 보기에서 데이터 부분 집합에 초점을 맞춤으로써 관심 데이터에 대한 세부 정보를 볼 수 있다.
- **여과** — 현 시점에서(immediate) 관심이 덜한 데이터를 여과하여 특정 데이터 집합에 집중할 수 있다.
- **롤업** — 부분합 및 총합을 표시하기 위해 여러 범주의 데이터를 그룹화한다.
- **What-if 분석** — 관련 요인을 동적으로 변경하여 여러 결과를 시각화할 수 있다.

**사례연구**

### 엔터프라이즈 기술

ETI는 거의 모든 업무 기능에서 온라인 트랜잭션 처리를 사용한다. 보험 증권 견적, 보험 증서 관리, 보험 청구 관리, 청구, 전사적 자원 관리(ERP) 및 고객 관계 관리(CRM) 시스템은 모두 온라인 트랜잭션 처리 기반이다. ETI는 새로운 청구가 발생할 때마다 온라인 트랜잭션 처리를 사용하는데, 이는 청구 관리 시스템에서 사용하는 관계형 데이터베이스에 있는 **청구** 테이블에 새 레코드가 생성되기 때문이다. 마찬가지로 청구가 손해사정사에 의해 처리되면 상태가 제출에서 사정사에게 할당으로, 사정사에게 할당에서 **청구** 처리로 변경되고 마지막으로 간단한 데이터베이스 업데이트 작업을 통해 처리된다.

기업 데이터 웨어하우스(EDW)는 운영 시스템에서 사용되는 관계형 데이터베이스의 테이블에서 데이터를 추출하고, 데이터의 유효성을 검사하고 변환한 다음 기업 데이터 웨어하우스(EDW)의 데이터베이스에 로드하는 여러 추출 변환 적재(ETL) 작업을 통해 매주 채워진다. 운영 시스템에서 추출된 데이터는 다양한 파일을 실행하여 변환되는 준비 데이터베이스로 먼저 가져온 단층 파일(flat file) 형식이다. 고객 데이터를 처리하는 하나의 추출 변환 적재 프로세스에는 여러 데이터 유효성 검사 규칙을 적용해야 한다. 그중 하나는 각 고객이 의미 있는 문자로 채워진 성(surname) 및 이름 필드를 모두 가지고 있는지 확인하는 것이다. 또한 동일한 추출 변환 적재 프로세스의 일부로 주소의 처음 두 행이 함께 결합된다.

기업 데이터 웨어하우스에는 데이터가 다양한 보고 쿼리의 실행을 가능하게 하는 큐브 형식으로 유지되는 온라인 분석 처리(OLAP) 시스템이 포함된다. 예를 들어, 정책 큐브는 판매된 보험 증권(팩트 테이블) 및 위치, 유형 및 시간의 차원(차원 테이블)의 계산으로 구성된다. 분석가는 비즈니스 인텔리전스(BI) 활동의 일부로 다른 큐브에 대해 쿼리를 수행한다. 보안 및 **빠른** 쿼리 응답을 위해 기업 데이터 웨어하우스에는 2개의 데이터 마트가 추가로 포함되어 있다. 그중 하나는 리스크 평가 및 규정 준수 보증을 비롯한 다양한 데이터 분석을 위해 계리 및 법률팀에서 사용하는 보험 청구 및 보험 증권 데이터로 구성된다. 두 번째 데이터 마트는 판매팀이 판매를 모니터링하고 향후 영업 전략을 세우는 데 사용되는 영업 관련 데이터를 포함한다.

## 빅데이터 비즈니스 인텔리전스

ETI가 현재 사용하는 비즈니스 인텔리전스는 전통적인 비즈니스 인텔리전스의 범주에 속한다. 영업팀에서 사용하는 어떤 대시보드는 종류, 지역, 금액 및 당월에 만료되는지 여부에 따라 이미 판매된 보험 상품을 나누어서, 다양한 차트로 다양한 보험 상품 관련 핵심 성과 지표(KPI)를 보내주고 있다. 다른 대시보드는 중개인에게 현재의 성과, 예를 들어 수수료 수입 및 월간 목표 달성 가능성을 알려준다. 이 대시보드는 모두 판매 데이터 마트로부터 데이터를 공급받는다.

콜센터 스코어보드는 대기 통화 수, 평균 대기 시간, 중도 포기한 통화 수 및 유형별 통화 수와 같은 센터의 일일 작업과 관련된 중요 통계를 제공한다. 이 스코어보드는 고객 관계 관리(CRM)의 관계형 데이터베이스에서 비즈니스 인텔리전스 제품을 통해 직접 데이터를 제공받으며, 비즈니스 인텔리전스 제품은 필요한 KPI를 얻기 위해 주기적으로 실행되는 다양한 SQL 쿼리를 구성하기 위한 간단한 사용자 인터페이스를 제공한다. 그러나 법률팀과 보험 계리사는 스프레드시트와 유사한 애드혹 보고서를 생성한다. 이러한 보고서 중 일부는 지속적인 규정 준수 보장의 일환으로 규제 당국에 전달된다.

ETI는 빅데이터 비즈니스 인텔리전스의 채택이 전략적 목표를 달성하는 데 크게 도움이 될 것이라고 믿는다. 예를 들어 콜센터 상담원 메모와 함께 소셜 미디어를 통합하면 고객 이탈의 원인을 더 잘 이해할 수 있다. 마찬가지로 보험 가입 신청 시 제출된 문서에서 귀중한 정보를 수집하고 청구 데이터와 상호 참조할 수 있는 경우 신고 청구의 합법성을 보다 신속하게 확인할 수 있다. 이 정보는 유사한 청구와의 상관성을 찾아 사기를 탐지하는 데 사용될 수 있다.

데이터 시각화와 관련하여 분석가가 사용하는 비즈니스 인텔리전스 도구는 현재 정형화된 데이터에서만 작동한다. 사용 편의성 측면에서 이러한 도구의 대부분은 마법사(wizard)를 사용하거나 필요한 필드를 그래픽으로 표시된 관련 테이블에서 수동으로 선택하여 데이터베이스 쿼리를 작성하는 포인트 앤 클릭(point and click) 기능을 제공한다. 그런 다음 관련 차트 및 그래프를 선택하여 쿼리 결과를 표시할 수 있다. 최종 결과는 여러 통계가 표시되는 대시보드이다. 대시보드는 여과, 집계 및 드릴다운 옵션을 추가하도록 구성할 수 있다. 예를 들어, 사용자가 분기별 판매량 차트를 클릭하고 매월 판매량을 분석할 수 있다. what-if 분석 기능을 제공하는 대시보드는 현재 지원되지 않지만 만일 제공된다면, 보험 계리사는 관련 위험 요인을 변경해 가면서 다양한 위험 수준을 신속하게 알아낼 수 있을 것이다.

BIG DATA
FUNDAMENTALS

제 **2** 부

# 빅데이터 저장과 분석

제1부에서 설명했듯이 빅데이터 도입의 원동력은 비즈니스와 기술에 동시에 연관된다. 이 책의 나머지 부분에서는 빅데이터와 빅데이터의 비즈니스 의미에 대한 높은 수준의 이해에서 빅데이터의 두 주요 관심사인 저장 및 분석과 관련된 주요 개념에 대한 설명으로 초점이 이동한다.

제2부는 다음과 같이 구성된다.

- 제5장에서는 빅데이터 데이터 세트의 저장과 관련된 주요 개념에 관해 설명한다. 이러한 개념은 빅데이터 저장 기술이 전통적인 기업 정보 시스템에 흔히 사용되는 관계형 데이터베이스 기술과 얼마나 다른 특성을 가지는지에 대해 알려준다.
- 제6장에서는 분산 처리 및 병렬 처리 기능을 활용하여 빅데이터 데이터 세트를 처리하는 방법에 관해 설명한다. 이는 빅데이터 데이터 세트를 효율적으로 처리하기 위해 분할-정복 방식을 활용하는 맵리듀스 프레임워크를 통해 추가적으로 설명한다.
- 제7장에서는 저장소 주제를 확장하여 제5장의 개념을 다양한 유형의 NoSQL 데이터베이스 기술로 구현하는 방법을 보여준다. 일괄 처리 및 실시간 처리 모드의 요구사항은 온디스크 및 인메모리 저장 옵션의 관점에서 좀 더 살펴본다.
- 제8장에서는 다양한 빅데이터 분석 기법을 소개한다. 빅데이터 분석은 정량적 및 정성적 분석을 위해 통계적 접근법을 활용하는 반면에 데이터마이닝 및 기계 학습을 위해 컴퓨팅적 접근법을 사용한다.

제2부에서 다루는 기술 개념은 기업에서 빅데이터 도입을 위해 비즈니스 사례를 평가해야 하는 의사결정자뿐만 아니라 비즈니스 및 기술 리더에게도 중요하다.

제5장

# 빅데이터 저장에 대한 개념

- 클러스터
- 파일 시스템 및 분산 파일 시스템
- NoSQL
- 샤딩
- 복제

- 샤딩 및 복제
- CAP 정리
- ACID
- BASE

BIG DATA
FUNDAMENTALS

외부 소스에서 얻은 데이터는 대개 직접 처리할 수 있는 형식이나 구조가 아니다. 이런 비호환성을 해결하고 저장과 처리를 위한 데이터를 준비하려면 데이터 랭글링(data wrangling)이 필요하다. 데이터 랭글링에는 다운스트림 분석(downstream analysis)을 위한 데이터 여과, 정제 및 준비 단계가 포함된다. 저장 장치의 관점에서 보면 처음에는 데이터의 복사본이 원본 형식으로 저장되고, 랭글링이 끝나면 처리된 데이터가 다시 저장되는 것이다. 일반적으로 다음과 같은 경우, 저장 장치가 필요하다.

- 외부 데이터 세트를 수집해야 하거나 내부 데이터를 빅데이터 환경에서 사용해야 하는 경우
- 데이터 분석을 위하여 데이터를 처리하는 경우
- 데이터가 ETL 활동을 통해 처리되거나 분석 작업을 통해 결과물이 생성되는 경우

대규모 빅데이터 데이터 세트를 원본 또는 여러 복사본으로 저장해야 할 필요성 때문에 비용이 저렴하고 확장성이 높은 저장 솔루션을 구현하기 위한 혁신적인 전략과 기술이 개발되었다. 빅데이터 저장 기술의 기본 메커니즘을 이해하기 위해 이 장에서 다음의 항목을 다루고자 한다.

- 클러스터
- 파일 시스템 및 분산 파일 시스템
- NoSQL
- 샤딩
- 복제
- CAP 정리
- ACID
- BASE

## 클러스터

컴퓨팅에서 클러스터(Clusters)는 밀접하게 결합된 서버 또는 노드들의 모음이다. 이 서버들은 일반적으로 동일한 하드웨어 사양을 가지며 그림 5.1과 같이 네트워크를 통해 서로 연결되어 하나의 장치로 작동한다. 클러스터의 각 노드는 메모리, 프로세서 및 하드 드라이브와 같은 전용 리소스를 가진다. 클러스터를 통해 작업을 보다 세부적인 단위로 분할한 뒤, 해당 클러스터에 속한 다른 컴퓨터에 각 세부 작업을 할당하여 작업을 한꺼번에 수행할 수 있다.

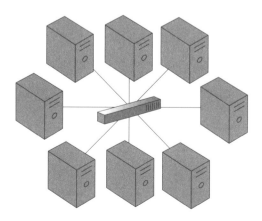

▲ **그림 5.1** 클러스터를 나타내는 기호

## 파일 시스템 및 분산 파일 시스템

파일 시스템(File System)은 플래시 드라이브, DVD 및 하드 드라이브와 같은 저장 장치에 데이터를 저장하고 구성하는 방법이다. 파일(file)은 파일 시스템이 데이터를 저장하는 데 사용하는 가장 작은 단위이다. 파일 시스템은 저장 장치에 저장된 데이터의 논리적 뷰(view)를 제공하고 그림 5.2와 같이 디렉터리 및 파일의 트리 구조로 이를 보여준다. 운영 체제는 응용 프로그램 대신, 이러한 파

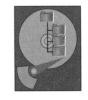

▲ **그림 5.2** 파일 시스템을 나타내는 기호

일 시스템을 사용하여 데이터를 저장하고 검색한다. 각 운영 체제는 하나 이상의 파일 시스템을 지원하는데, Microsoft Windows의 경우 NTFS, Linux의 경우 ext를 예로 들 수 있다.

분산 파일 시스템(Distributed File Systems, DFS)은 그림 5.3에서와 같이 클러스터 노드에 분산된 대용량 파일을 저장할 수 있는 파일 시스템이다. 클라이언트에게 파일은 로컬에 존재하는 것처럼 보이겠지만 실제로는 클러스터를 통해 물리적으로 분산된 파일들에 대한 논리적인 뷰를 제공하는 것이다. 이러한 로컬 뷰는 분산 파일 시스템을 통해 제공되며 다양한 위치에서 파일에 접근할 수 있다. 예를 들면, 구글 파일 시스템(Google File System, GFS)과 하둡 분산 파일 시스템(Hadoop Distributed File System, HDFS)이 있다.

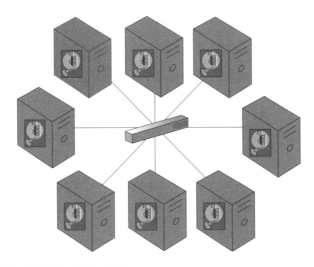

▲ **그림 5.3** 분산 파일 시스템을 나타내는 기호

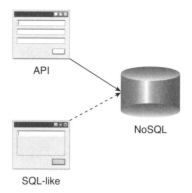

▲ **그림 5.4** NoSQL 데이터베이스는 API 또는 SQL과 유사한 쿼리 인터페이스를 제공할 수 있다.

## NoSQL

NoSQL 데이터베이스는 반정형, 비정형 데이터를 수용할 수 있도록 설계되었으며, 높은 확장성과 결함 포용성을 가진 비관계형 데이터베이스이다. NoSQL 데이터베이스는 종종 애플리케이션 내에서 호출이 가능한 API 기반 쿼리 인터페이스를 제공한다. 또 관계형 데이터베이스의 구조화된 데이터를 쿼리하기 위해 설계된 구조형 쿼리 언어(Structured Query Language, SQL) 이외의 쿼리 언어도 지원한다. 예를 들어, XML 파일을 저장하는 데 최적화된 NoSQL 데이터베이스에서는 XQuery를 쿼리 언어로 사용한다. 마찬가지로 RDF 데이터를 저장하도록 설계된 NoSQL 데이터베이스는 SPARQL을 사용하여 데이터 관계를 쿼리한다. 그리고 그림 5.4와 같이 SQL과 유사한 쿼리 인터페이스를 제공하는 NoSQL 데이터베이스도 있다.

## 샤딩

샤딩(sharding)이란 대규모의 데이터 세트를 샤드(shard)라 불리는 더 작고 관리하기 쉬운 데이터 세트로 수평 분할하는 프로세스를 말한다. 샤드는 서버 또는 머신과 같은 여러 노드에 분산되어 저장된다(그림 5.5). 각 샤드는 분리된 노드에 저장되며 각 노드는 자신에게 저장된 데이터만 담당한다. 각 샤드는 공통의 스키마를 공유하며 모든 샤드를 모으면 전체 데이터 세트가 된다.

샤딩은 보통 클라이언트에게는 보이지 않게 설계되지만, 그렇다고 항상 그런 것은 아니

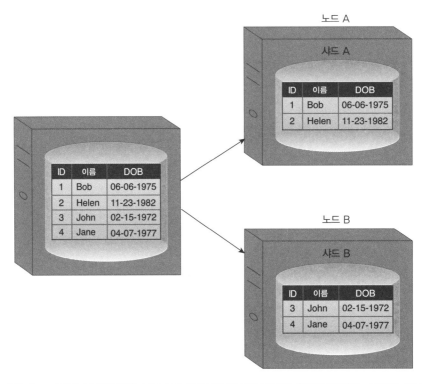

▲ **그림 5.5** 노드 A와 노드 B에 각각 샤드 A와 샤드 B를 만들며 데이터 세트를 분배하는 샤딩의 예시

다. 샤딩을 사용하면 여러 노드에 처리 작업량를 분산시켜 수평 확장성을 확보할 수 있다. 수평 스케일링은 기존 자원과 유사하거나 더 많은 용량을 가지는 리소스를 추가하여 시스템의 용량을 늘리는 방법이다. 각 노드는 전체 데이터 집합의 일부만을 담당하므로 데이터를 읽거나 쓰는 데 걸리는 시간이 크게 감소된다.

그림 5.6은 실제로 샤딩이 어떻게 작동하는지 보여준다.

1. 각 샤드는 독립적으로, 자신이 담당하는 데이터의 특정 부분에 대해 읽기 및 쓰기 작업을 수행할 수 있다.
2. 쿼리에 따라 2개의 샤드에서 데이터를 가져와야 할 수 있다.

샤딩의 이점은 데이터베이스 내의 부분적인 결함을 허용할 수 있다는 것이다. 하나의 노드에 장애가 발생하는 경우, 해당 노드에 저장된 데이터만 영향을 받고, 다른 노드의 데이터

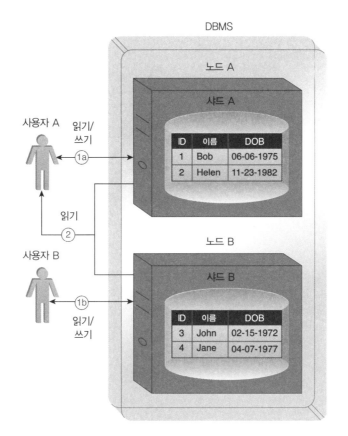

▲ **그림 5.6** 노드 A와 노드 B 모두에서 데이터를 가져오는 샤딩의 예시

는 그것과 무관하게 다룰 수 있다.

샤드로 데이터를 분할할 때는 샤드 자체가 성능 병목 현상(performance bottleneck)을 일으키지 않도록 하기 위해 쿼리의 패턴을 고려한다. 예를 들어, 여러 샤드의 데이터가 필요한 쿼리는 성능 저하를 초래하기 때문에 일반적으로 같이 액세스되는 데이터를 단일 샤드에 배치하여 데이터 지역성을 확보함으로써 이러한 성능 문제를 해결한다.

## 복제

복제(replication)는 여러 노드에 레플리카(replica)라고 하는 데이터 세트의 복사본을 저장하는 것이다(그림 5.7). 동일한 데이터가 다양한 노드에 복제되기 때문에 복제는 확장성과 가

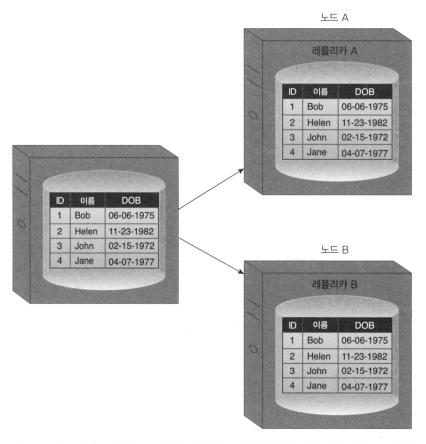

▲ **그림 5.7** 데이터 세트가 노드 A와 노드 B에 복제되어 각각 레플리카 A와 레플리카 B를 만들어내는 복제의 예시

용성을 제공한다. 이러한 데이터 복제성은 개별 노드에 장애가 발생해도 데이터가 손실되지 않도록 하기 때문에 결함 포용성을 얻을 수 있다. 이러한 복제를 구현하는 데 사용되는 방법에는 두 가지가 있다.

- 마스터 슬레이브(Master-Slave)
- 피어 투 피어(Peer-to-Peer)

**마스터 슬레이브**

마스터 슬레이브 복제 도중에, 노드들은 마스터 슬레이브 구성으로 정렬되고, 모든 데이터

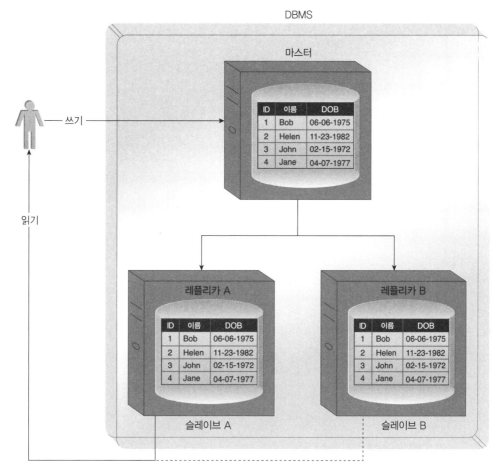

▲ **그림 5.8**　마스터 A가 쓰기 작업을 수행할 수 있는 유일한 노드이고, 슬레이브 A와 슬레이브 B에서 데이터 읽기 작업을 수행할 수 있는 마스터 슬레이브 복제의 예시

는 마스터 노드에 써진다. 그리고 일단 데이터가 마스터 노드에 저장되면 데이터는 여러 슬레이브 노드로 복제된다. 추가, 수정 및 삭제를 포함한 모든 외부 쓰기 작업 처리는 마스터 노드에서만 발생하고, 읽기 작업 처리는 어떤 슬레이브 노드에서도 수행할 수 있다. 그림 5.8은 쓰기가 마스터 노드에 의해 관리되고, 데이터를 슬레이브 A 또는 슬레이브 B에서 읽을 수 있는 경우를 나타낸다.

　마스터 슬레이브 복제는 읽기 요청이 증가해도 수평 스케일링에 슬레이브 노드를 추가하여 처리할 수 있다. 반면 쓰기 작업의 경우, 모든 쓰기 작업이 마스터 노드에 의해서만 조정되어 일관적으로 진행되기 때문에, 쓰기 양이 증가함에 따라 그 성능이 하락하게 된다. 따라서 쓰기 집중적인 작업보다 읽기 집중적인 작업에 이상적인 복제 방식이다. 또한 마스터 노드에 장애가 발생해도 모든 슬레이브 노드를 통해 읽기가 가능하다.

슬레이브 노드는 마스터 노드의 백업 노드로 구성될 수 있다. 마스터 노드가 장애를 겪는 경우, 마스터 노드가 다시 설정될 때까지 쓰기 작업이 지원되지 않는다. 이때, 마스터 노드는 마스터 노드의 백업에서 다시 복구되거나 슬레이브 노드에서 새로운 마스터 노드가 선택된다.

마스터 슬레이브 복제에서 유의해야 할 사항은 읽기 작업의 비일관성이다. 즉, 마스터 노드 업데이트가 슬레이브 노드에 복사되기 전에 이 노드를 읽어 들이면 문제가 될 수 있다. 읽기 작업의 일관성을 보장하기 위해 대부분의 슬레이브 노드에 동일한 버전의 데이터가 포함되어 있으면 읽기가 일관된 것으로 선언하는 투표 시스템을 구현할 수도 있다. 이러한 투표 시스템을 구현하려면 슬레이브 노드 간에 안정적이고 빠른 통신 메커니즘이 필요하다.

그림 5.9는 읽기 작업의 비일관성이 발생하는 시나리오를 보여준다.

1. 사용자 A가 데이터를 업데이트한다.
2. 데이터는 마스터에 의해 슬레이브 A로 복제된다.
3. 슬레이브 B로 데이터가 복제되기 전에, 사용자 B가 슬레이브 B로부터 데이터를 읽어 들인다. 이는 일관성을 잃은 결과를 보여준다.
4. 데이터는 최종적으로 마스터에 의해 슬레이브 B로 복제된다.

**피어 투 피어**

피어 투 피어 복제를 사용하면 모든 노드가 동일한 수준에서 작동한다. 다시 말해, 노드 간에는 마스터 슬레이브 관계가 없다는 것이다. 피어라 불리는 각 노드는 읽기와 쓰기 작업을 똑같이 처리할 수 있다. 쓰기 작업이 일어나면 그림 5.10과 같이 모든 피어에 복사된다.

피어 투 피어 복제는 여러 피어 간에 동일한 데이터를 동시에 업데이트함으로써 비일관성 문제가 쉽게 발생한다. 이는 비관적 또는 낙관적 동시성 전략을 구현하여 해결할 수 있다.

- 비관적 동시성(pessimistic concurrency)은 비일관성을 사전에 방지하는 대응 전략으로, 데이터를 한 번에 하나만 업데이트할 수 있도록 잠금을 사용하는 것이다. 그러나 모든

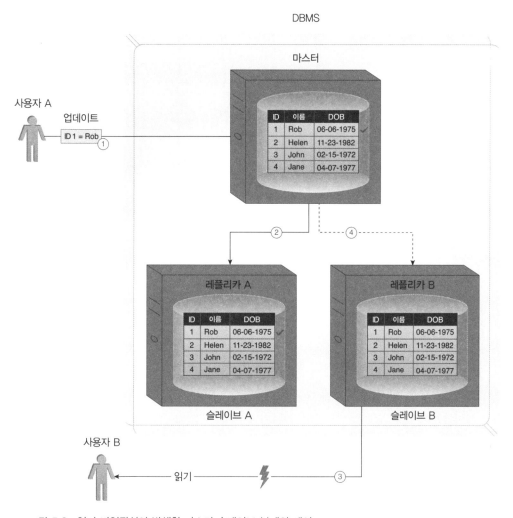

▲ **그림 5.9** 읽기 비일관성이 발생한 마스터 슬레이브 복제의 예시

　잠금이 해제될 때까지 업데이트 중인 데이터베이스 데이터를 사용할 수 없으므로 가용성에 좋지 않다.

• 낙관적 동시성(optimistic concurrency)은 잠금을 사용하지 않는 사후 대응 전략이다. 이 전략은 비일관성이 발생하더라도 결국 모든 업데이트가 전파되고 나면 일관성이 유지될 것이라는 사실을 이용한다.

낙관적 동시성을 구현하면 피어들이 일관성을 얻기 전에는 일정 기간 동안 비일관적인 상

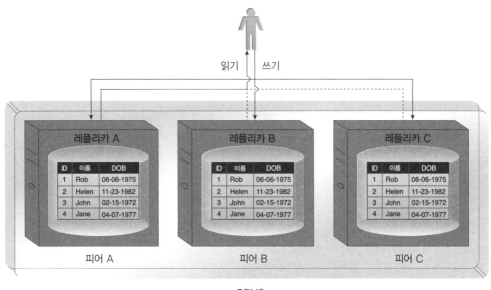

읽기 쓰기

▲ **그림 5.10** 쓰기 작업은 피어 A, B, C에 동시에 복사된다. 피어 A로부터 읽기 작업이 수행되고 있지만 피어 B나 C에서도 수행될 수 있다.

태로 존재할 수 있다. 그러나 잠금이 필요하지 않으므로 데이터베이스를 계속해서 사용할 수 있다. 마스터 슬레이브 복제와 마찬가지로 일부 피어가 업데이트를 완료하고 다른 일부 에서 업데이트가 진행되는 동안 읽기 작업이 일관되지 않을 수 있다. 모든 피어에서 업데이 트가 실행되고 나면 결국 읽기의 일관성이 유지된다.

읽기의 일관성을 보장하기 위해 대부분의 피어가 동일한 버전의 데이터를 포함하는 경우 읽기가 일관된 것으로 선언되는 투표 시스템을 구현할 수 있다. 앞에서 언급했듯이, 투표 시 스템을 구현하려면 피어 간에 신뢰성 있고 빠른 통신 메커니즘이 필요하다.

그림 5.11은 일관성 없는 읽기 작업이 발생하는 시나리오를 보여준다.

1. 사용자 A가 데이터를 업데이트한다.
2. a. 데이터가 피어 A로 복제된다.

   b. 데이터가 피어 B로 복제된다.
3. 데이터가 피어 C로 복사되기 전에 사용자 B가 피어 C에서 데이터를 읽으려고 시도하 므로 읽기가 일관되지 않다.

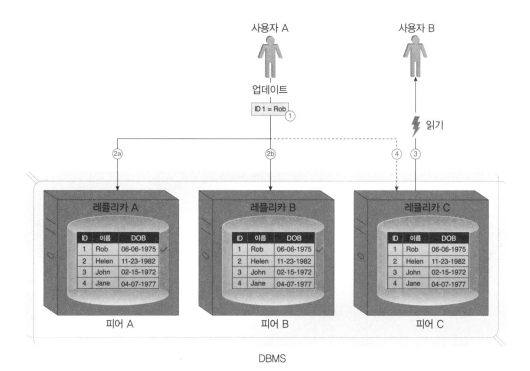

**▲ 그림 5.11** 비일관적인 읽기가 발생한 피어 투 피어 복제의 예시

4. 피어 C에서 데이터가 업데이트되고 데이터베이스가 다시 일관성 있게 된다.

## 샤딩 및 복제

샤딩에 의해 제한되는 결함 포용성을 개선하고 복제의 가용성과 확장성을 추가적으로 얻기 위해 그림 5.12와 같이 샤딩과 복제를 결합할 수 있다.

이 절에서는 다음 조합에 대해 설명한다.

- 샤딩 및 마스터 슬레이브 복제
- 샤딩 및 피어 투 피어 복제

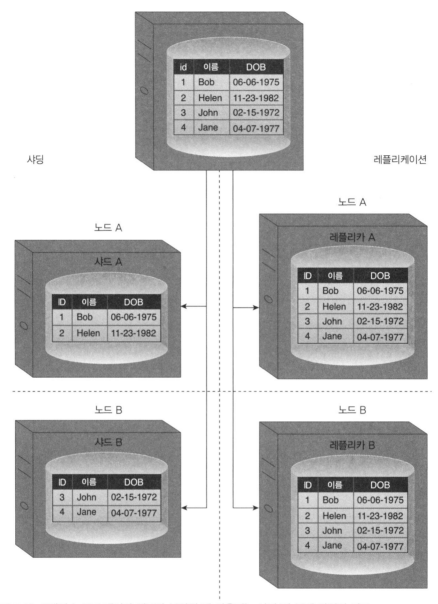

▲ **그림 5.12** 2개의 노드로 데이터 세트가 분산될 때 사용되는 샤딩 및 복제 방식의 비교

## 샤딩 및 마스터 슬레이브 복제 결합

샤딩과 마스터 슬레이브 복제가 결합되면 마스터 자체가 하나의 샤드가 되고, 그 마스터에 대해 여러 샤드들이 슬레이브가 된다. 이 결과로 여러 마스터가 생성될 수 있지만 여전히 하

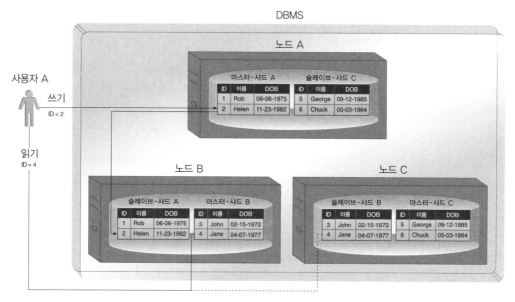

▲ **그림 5.13**  샤딩 및 마스터 슬레이브 복제를 결합한 예시

나의 슬레이브는 하나의 마스터로만 관리할 수 있다. 쓰기의 일관성은 마스터 샤드에 의해 유지된다. 그러나 마스터 샤드가 작동하지 않거나 네트워크 중단이 발생하면 쓰기 작업에 대한 결함 포용성이 영향을 받는다. 따라서 샤드의 복사본은 여러 슬레이브 샤드에 보관되어 읽기 작업에 확장성과 결함 포용성을 제공한다.

그림 5.13은 다음을 보여준다.

- 각 노드는 서로 다른 샤드에 대해 마스터, 슬레이브 모두로 동작한다.
- 샤드 A에 대한 쓰기 작업(ID=2)은 샤드 A의 마스터인 노드 A에 의해 제어된다.
- 노드 A는 샤드 A의 슬레이브인 노드 B에 데이터(ID=2)를 복제한다.
- ID가 4인 데이터의 읽기 작업은 샤드 B를 가진 노드 B 또는 노드 C가 직접 처리할 수 있다.

### 샤딩 및 피어 투 피어 복제 결합

샤딩과 피어 투 피어 복제가 결합되면, 각 샤드는 여러 피어에 복제되며 각 피어는 전체 데이터 세트의 일부만 담당한다. 따라서 총체적으로 확장성 및 결함 포용성이 향상된다. 마스터

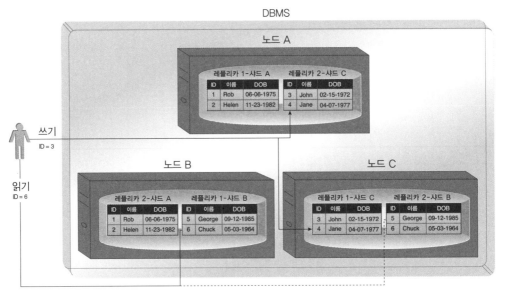

▲ **그림 5.14** 샤딩 및 피어 투 피어 복제를 결합한 예시

와 관련이 없기 때문에 단일 장애 지점이 없으며 읽기 및 쓰기 작업에 대한 결함 포용성이 지원된다.

그림 5.14는 다음을 보여준다.

- 각 노드에는 복사본을 포함하는 2개의 다른 샤드들이 들어 있다.
- 쓰기 작업(ID=3)은 샤드 C를 담당하는 노드 A와 노드 C(피어) 모두에 복제된다.
- ID가 6인 데이터의 읽기 작업은 노드 B 또는 노드 C가 각각 샤드 B를 포함하므로 두 노드에서 수행될 수 있다.

## CAP 정리

브루어의 정리(Brewer's theorem)라고도 알려진 CAP 정리는 분산 데이터베이스 시스템과 관련된 세 가지의 제약 조건을 보여준다. 클러스터에서 수행되는 분산 데이터베이스 시스템은 다음 세 가지 속성 중 두 가지만 제공할 수 있다.

- 일관성(Consistency)—노드에 무관하게 읽기 작업은 동일한 데이터를 생성한다(그림

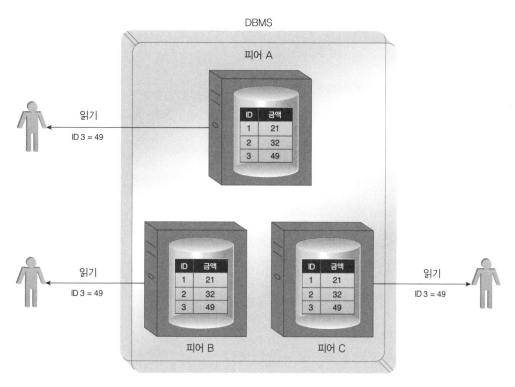

▲ **그림 5.15** 일관성 : 3개의 다른 노드에서 데이터를 제공하더라도 3명의 사용자 모두 금액 칼럼에 대해 동일한 값을 얻는다.

5.15).

- **가용성**(Availability) — 읽기 및 쓰기 요청은 항상 성공 또는 실패의 형태로 확인된다(그림 5.16).

- **분할 포용성**(Partition tolerance) — 데이터베이스 시스템은 클러스터를 여러 개의 사일로 (silo)로 분할시키는 통신 중단에도 불구하고 읽기 및 쓰기 요청을 처리한다(그림 5.16).

다음 시나리오는 CAP 정리의 세 가지 속성 중 항상 두 가지 속성만 동시에 충족할 수 있는 이유를 보여준다. 이에 대한 설명을 돕기 위해 그림 5.17의 일관성, 가용성 및 분할 포용성 간에 겹치는 영역을 표시한 벤 다이어그램을 보자.

일관성(C) 및 가용성(A)이 필요한 경우, 사용 가능한 노드는 일관성(C)을 보장하기 위해 통신한다. 따라서 분할 포용성(P)을 보장하는 것은 불가능하다.

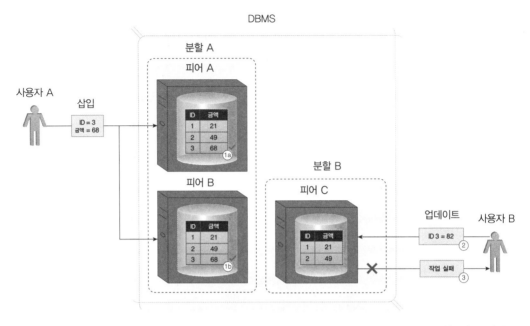

▲ **그림 5.16** 가용성 및 분할 포용성 : 통신 장애가 발생해도 두 사용자의 요청이 계속 처리된다(1, 2). 그러나 사용자 B의 경우 ID가 3인 데이터가 피어 C에 복사되지 않았으므로 업데이트에 실패하였음을 사용자에게 알린다(3).

일관성(C) 및 분할 포용성(P)이 필요한 경우, 일관성(C)을 달성하는 동안 노드를 사용할 수 없다(A).

마찬가지로 가용성(A) 및 분할 포용성(P)이 필요한 경우, 노드 간 데이터 통신 요구사항으로 인해 일관성(C)을 보장할 수 없다. 따라서 데이터베이스는 사용 가능 상태를 유지할 수 있지만(A) 일관성(C)이 없는 결과가 존재한다.

분산 데이터베이스에서 노드를 추가하는 경우 확장성 및 결함 포용성을 향상시킬 수 있지만 일관성(C)을 해결할 수 없다. 또한 노드를 추가하게 되면 노드 간 통신이 증가하기 때문에 이로 인한 대기 시간이 늘어 가용성(A)이 저하될 수 있다.

분산 데이터베이스 시스템은 기본적으로 분할 포용성이 완전하지 않다(P). 통신 중단이 일시적이고 아주 드물게 발생하기는 하지만, 분산 데이터베이스에서 완전한 분할 포용성(P)을 항상 지원해 주어야 한다. 그러므로 일반적으로 CAP 중 C+P 또는 A+P를 선택한다. 시스템의 요구사항에 따라 어떤 특성을 선택할지가 결정된다.

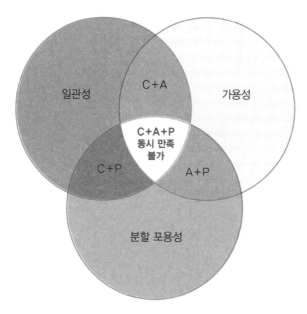

▲ **그림 5.17** CAP 이론을 요약한 벤 다이어그램

## ACID

ACID는 트랜잭션 관리와 관련된 데이터베이스 설계 원리이다. 각 약자는 다음을 나타낸다.

- 원자성(Atomicity)
- 일관성(Consistency)
- 고립성(Isolation)
- 지속성(Durability)

ACID는 일관성을 유지하기 위해 데이터 잠금 애플리케이션을 통한 비관적 동시성을 활용하는 트랜잭션 관리 스타일이다. ACID는 관계형 데이터베이스 관리 시스템(RDBMS)에 의해 관리되는 데이터베이스 트랜잭션 관리에 대한 전통적인 접근 방법이다.

원자성은 모든 작업이 항상 완전히 성공하거나 완전히 실패하도록 한다. 다시 말해, 부분적인 성공이 존재하지 않도록 한다.

원자성을 확보하는 과정이 그림 5.18에 제시되어 있다.

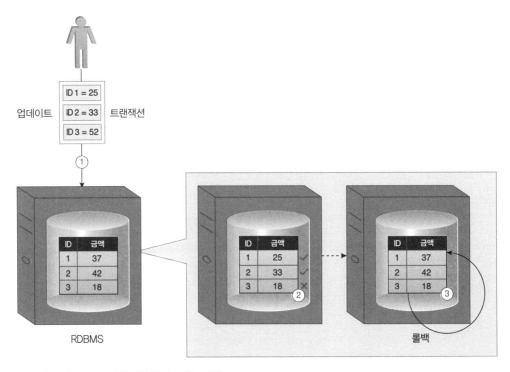

▲ **그림 5.18** ACID의 원자성을 나타내는 예시

1. 사용자가 3개의 데이터를 업데이트하는 트랜잭션을 시도한다.
2. 2개의 데이터가 오류 발생 전에 성공적으로 업데이트된다(하지만 마지막 데이터는 업데이트하는 과정에서 오류가 발생한다).
3. 결과적으로 데이터베이스는 트랜잭션이 일부의 데이터만을 업데이트한 부분적인 성공을 허용하지 않고, 3개 데이터 모두 업데이트 이전 상태로 복귀시킨다.

일관성은 데이터베이스 스키마의 조건을 준수하는 데이터만 데이터베이스에 기록할 수 있도록 하여 데이터베이스가 항상 일관된 상태를 유지하도록 한다. 따라서 일관된 상태에 있는 데이터베이스는 트랜잭션에 성공한 후에도 일관된 상태를 유지한다.

그림 5.19는 다음을 보여준다.

1. 사용자가 부동 소수점(float) 유형의 테이블에 있는 금액(amount) 칼럼에 속한 값을 가

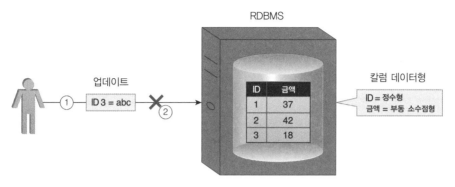

RDBMS

업데이트

칼럼 데이터형

▲ **그림 5.19** ACID의 일관성을 나타내는 예시

변 길이 문자열(varchar) 값 'abc'로 업데이트하려고 시도한다.

2. 데이터베이스에 대한 유효성 검사를 적용한 뒤, 그 값이 금액 칼럼의 부동 소수점 유형 제한 조건을 만족하지 않기 때문에 업데이트를 거부한다.

고립성은 트랜잭션 결과가 완료될 때까지 다른 작업에서 확인할 수 없도록 하는 것이다. 그림 5.20은 다음을 보여준다.

1. 사용자 A는 트랜잭션의 일부로 2개의 데이터를 업데이트하려고 시도한다.
2. 데이터베이스가 첫 번째 데이터를 성공적으로 업데이트한다.
3. 그러나 두 번째 데이터가 업데이트되기 전에 사용자 B가 동일한 데이터를 업데이트하려고 시도한다. 이때 데이터베이스는 사용자 A의 업데이트가 성공하거나 완전히 실패할 때까지 사용자 B의 업데이트를 허용하지 않는다. 이는 ID가 3인 데이터의 트랜잭션이 완료될 때까지 데이터베이스에 의해 잠겨 있기 때문이다.

지속성은 작업 결과가 영구적으로 지속되는 것을 보장한다. 다시 말해 트랜잭션이 실행된 후에는 다시 되돌릴 수 없다는 것을 의미한다. 이것은 시스템 장애와는 무관하다. 그림 5.21은 다음을 보여준다.

1. 사용자가 트랜잭션의 일부로 데이터를 업데이트한다.
2. 데이터베이스가 데이터를 성공적으로 업데이트한다.
3. 이 업데이트 직후에 정전이 발생한다. 데이터베이스가 전원이 없는 동안 상태를 유지

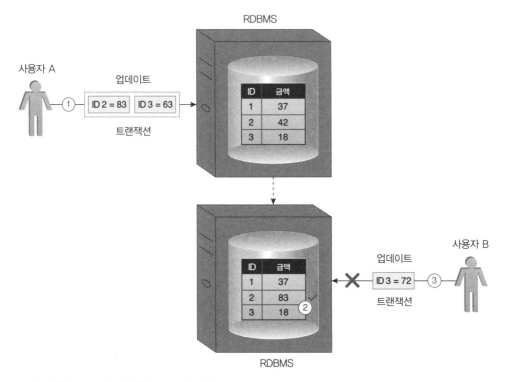

▲ **그림 5.20** ACID의 고립성을 나타내는 예시

한다.

4. 전원이 재개된다.

5. 데이터베이스는 사용자의 요청 이후 최종 업데이트된 데이터를 제공한다.

그림 5.22는 ACID 원리의 적용 결과를 보여준다.

1. 사용자 A는 트랜잭션의 일부로, 데이터를 업데이트하려고 시도한다.

2. 데이터베이스가 값의 유효성을 검증하고 업데이트 사항이 성공적으로 적용된다.

3. 트랜잭션이 성공적으로 완료되고 나서 사용자 B와 C가 동일한 데이터를 요청하면 데이터베이스는 업데이트된 값을 두 사용자에게 제공한다.

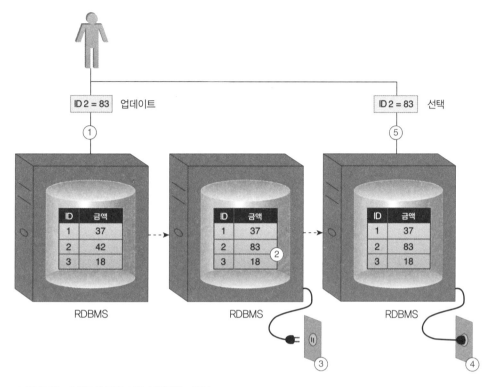

▲ **그림 5.21**  ACID의 지속성을 나타내는 예시

## BASE

BASE는 CAP 이론을 기반으로 분산 기술을 사용하는 데이터베이스 시스템을 설계하는 데 사용되는 원리이다. 각 약자는 다음을 나타낸다.

- 이용 가능한(Basically Available)
- 소프트 상태(Soft state)
- 궁극적 일관성(Eventual consistency)

데이터베이스가 BASE를 지원하면 일관성보다 가용성이 좋아진다. 즉, 데이터베이스가 CAP 관점에서 A+P를 만족하는 것이다. 본질적으로 BASE는 ACID에 의해 요구되는 강력한 일관성 제약을 완화하여 낙관적 동시성을 활용한다.

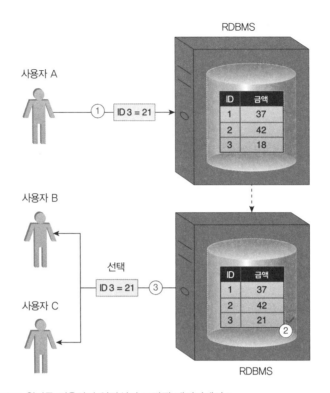

▲ **그림 5.22** ACID 원리를 적용하여 일관성이 보장된 데이터베이스

데이터베이스가 '이용 가능'하다면, 해당 데이터베이스는 요청된 데이터 또는 성공/실패 알림의 형태로 클라이언트의 요청을 항상 확인한다. 그림 5.23은 데이터베이스는 네트워크 장애로 인해 분할되었지만 이용 가능한 경우를 나타낸다.

소프트 상태는 데이터를 읽어 들일 때 데이터베이스가 일관성 없는 상태에 있을 수 있음을 의미한다. 따라서 동일한 데이터가 다시 요청된 경우 결과가 변경될 수 있다. 이것은 사용자가 두 번의 읽기 요청을 한 사이에 데이터베이스에 아무런 기록을 하지 않았더라도 데이터의 일관성을 위해 업데이트가 일어날 수 있기 때문이다. 이 속성은 궁극적 일관성과 밀접하게 관련되어 있다.

그림 5.24는 다음을 보여준다.

1. 사용자 A가 피어 A의 데이터를 업데이트한다.
2. 다른 피어가 업데이트되기 전에 사용자 B는 피어 C에 동일한 데이터를 요청한다.

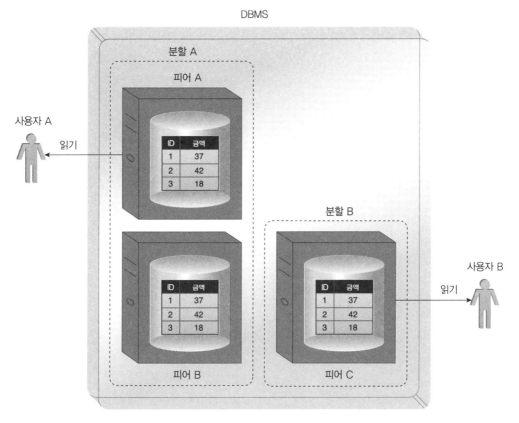

▲ **그림 5.23** 통신 장애로 인해 데이터 세트가 분할되었음에도 불구하고 사용자 A와 사용자 B가 데이터를 수신한다.

3. 데이터베이스가 현재 소프트 상태이고 불완전한 데이터가 사용자 B에게 반환된다.

궁극적 일관성은 클라이언트가 데이터베이스에 쓰기 작업을 수행한 직후에 다른 클라이언트가 읽기 작업을 요청했을 때 일관된 결과를 반환하지 못할 수도 있는 상태이다. 모든 노드에 변경 사항이 전파되었을 때에야 데이터베이스는 일관성을 유지한다. 데이터베이스가 궁극적 일관성 상태에 도달하는 동안에는 소프트 상태에 머물러 있다.

그림 5.25는 다음을 보여준다.

1. 사용자 A가 데이터를 업데이트한다.
2. 피어 A에서만 데이터가 업데이트되고 다른 피어가 업데이트되기 전에 사용자 B가 동

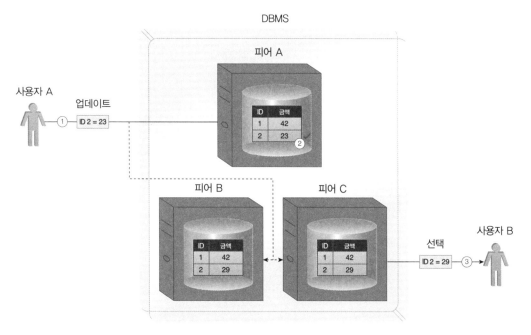

**▲ 그림 5.24** BASE 원리의 소프트 상태를 나타내는 예시

일한 데이터를 요청한다.

3. 이때는 데이터베이스가 소프트 상태이다. 불완전한 데이터가 피어 C에서 사용자 B에게 반환된다.

4. 그러나 일관성이 결국 달성되고 사용자 C가 올바른 값을 얻는다.

데이터 잠금으로 가용성을 희생하는 대신 그 즉시 일관성을 보장하는 ACID와는 달리, BASE는 가용성을 강조한다. 일관성에 어느 정도 융통성을 부여하는 이 접근 방식은 BASE 호환 데이터베이스에 일관성 없는 결과를 제공하지만 대기 시간 없이 여러 클라이언트에 서비스를 제공할 수 있게 한다. 그러나 BASE 호환 데이터베이스는 일관성이 부족하면 문제가 발생되는 트랜잭션 시스템에는 유용하지 않다(은행 계좌 관리와 소셜 네트워크는 각각 ACID와 BASE가 적절하다 — 역주).

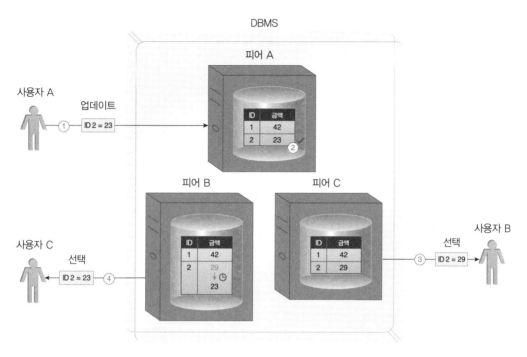

▲ **그림 5.25** BASE 원리의 최종 일관성을 나타내는 예시

**사례연구**

ETI의 IT 환경은 현재 Linux 및 Windows 운영 체제를 모두 사용한다. 따라서 *ext* 및 *NTFS* 파일 시스템이 모두 사용되고 있다. 웹 서버와 일부 응용 프로그램 서버는 *ext*를 사용하고 나머지 응용 프로그램 서버, 데이터베이스 서버 및 최종 사용자의 PC는 *NTFS*를 사용하도록 구성된다. RAID 5로 구성된 NAS(Network-Attached Storage)는 결함 포용성이 있는 문서 저장 장치이다. IT팀이 파일 시스템에 정통하긴 하지만 클러스터, 분산 파일 시스템 및 *NoSQL*의 개념은 이 팀에게 생소하다. 그럼에도 불구하고 빅데이터 기술을 배운 IT팀 리더 구성원들이 논의를 진행하면, 전체 그룹이 이러한 개념과 기술을 이해할 수 있다.

ETI의 현재 IT 환경은 전적으로 ACID 데이터베이스 설계 원칙을 사용하는 관계형 데이터베이스로 구성된다. IT팀은 BASE 원칙과 CAP 이론을 제대로 이해하지 못하고 있다. 또 팀 구성원 중 일부는 빅데이터 데이터 세트 저장 장치와 관련해 이러한 개념의 필요성과 중요성을 확신하지 못한다. 이때 리더 구성원들은 방대한 양의 데이터를 클러스터에 분산된 방식으로 저장하는 경우에 이러한 개념을 적용할 수 있다고 설명하며 동료 팀원의 혼란을 완화하려고 한다. 클러스터는 스케일 아웃(scaling out)으로 선형 확장성을 지원할 수 있기 때문에 대량의 데이터를 저장하기 위한 확실한 선택이 되었다.

클러스터는 네트워크를 통해 연결된 노드로 구성되기 때문에 클러스터의 사일로 또는 파티션을 만드는 과정에서 통신 장애가 일어나는 것은 불가피하다. 이러한 파티션 문제를 해결하기 위해 BASE 원리와 CAP 이론이 도입 되었다. 그들은 BASE 원리를 따르는 데이터베이스가 ACID 원리를 따르는 데이터베이스와 비교할 때 일관성이 없을지라도 클라이언트에 보다 민감하게 반응한다고 설명한다. BASE 원리를 이해하고 나서, IT팀은 클러스터에 구현된 데이터베이스가 왜 일관성과 가용성 중 하나를 선택해야 하는지 쉽게 이해할 수 있었다.

기존의 관계형 데이터베이스 중 어느 것도 샤딩을 사용하지 않지만 데이터 복원 및 운영 보고를 위해 거의 모든 관계형 데이터베이스가 복제된다. 샤딩 및 복제의 개념을 더 잘 이해하기 위해 IT팀은 다수의 보험 견적서 데이터를 신속하게 작성하고 액세스할 때 이러한 개념을 적용하는 방법에 대해 연습한다. IT팀은 샤딩을 적용하기 위한 기준으로 보험 견적의 유형(건강, 건물, 해상 및 항공)을 사용하면 여러 노드에서 균형 잡힌 데이터 세트를 생성할 수 있다고 생각한다. 그 이유는 쿼리가 대부분 동일한 보험 섹터 안에서 실행되고 교차 쿼리는 거의 없기 때문이다. 복제와 관련하여 IT팀은 피어 투 피어 복제 전략을 구현하는 NoSQL 데이터베이스를 선택한다. 이렇게 결정한 이유는 보험 견적서라는 데이터는 아주 빈번하게 생성되지만, 아주 드물게 업데이트되기 때문이다. 따라서 일관성 없는 데이터가 만들어질 가능성은 낮다. 이를 고려할 때 팀은 피어 투 피어 복제를 선택하여 일관성보다 읽기 및 쓰기의 성능을 택하는 것이다.

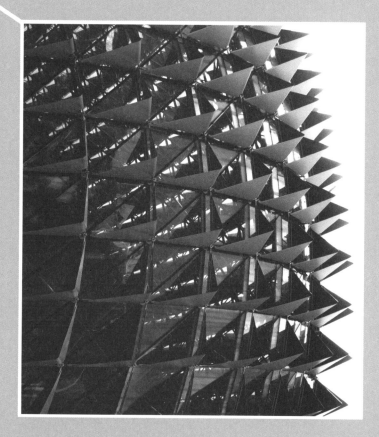

제6장

# 빅데이터 처리에
# 대한 개념

- 병렬 데이터 처리
- 분산 데이터 처리
- 하둡
- 작업부하 처리

- 클러스터
- 일괄 처리 방식
- 실시간 처리 방식

BIG DATA
FUNDAMENTALS

대용량의 데이터를 처리해야 할 필요성에 대한 논의는 새로운 것이 아니다. 데이터 웨어하우스, 그리고 이와 연관된 데이터 마트의 관계를 고려해 보면 용량이 큰 데이터 세트를 작은 데이터 세트로 분할하는 것이 처리 속도를 높인다는 사실은 분명하다. 분산 파일 시스템이나 분산 데이터베이스에 저장되어 있는 빅데이터 데이터 세트는 이미 작은 데이터 세트로 분할되어 있다. 빅데이터 처리를 이해하는 열쇠는 전통적인 관계형 데이터베이스에서 일어나는 중앙 집중 처리와는 달리, 빅데이터가 분산되어 저장된 위치에서 병렬적으로 처리되는 경우가 있다는 점을 인식하는 것이다.

당연하게도, 모든 빅데이터가 일괄적으로 처리되지는 않는다. 일부 데이터는 속도 특성을 가지며, 시간 순서대로 정렬된 스트림에 도착한다. 빅데이터 분석은 이런 유형의 처리에 대한 해답 또한 제공한다. 인메모리 저장 아키텍처를 활용함으로써, 상황에 대한 인지 능력을 제고한 적합한 방식으로 처리될 수 있다. 빅데이터 처리를 원활하게 하는 중요한 법칙은 속력(Speed), 일관성(Consistency), 그리고 용량(Volume)의 (SCV) 원칙이다. 이번 단원에도 이 원칙에 대해 상세히 기술되어 있다.

빅데이터 처리에 대해 더 자세히 다루기 위해, 다음의 개념들을 순차적으로 짚어나갈 것이다.

- 병렬 데이터 처리
- 분산 데이터 처리
- 하둡
- 처리 작업량
- 클러스터

## 병렬 데이터 처리

병렬 데이터 처리는 하나의 큰 작업을 구성하는 여러 하위 작업의 동시 처리 개념이다. 이 처리의 목적은 하나의 큰 작업을 여러 작은 작업들로 분할하여 동시에 작업함으로써 수행 시간을 줄이는 것이다.

병렬 데이터 처리가 여러 대의 네트워크화된 장치들을 통해서도 가능하기는 하지만, 그림 6.1에서 볼 수 있듯이 일반적으로 다수의 프로세서 혹은 코어들로 구성된 1대의 장치에서 이루어진다.

## 분산 데이터 처리

분산 데이터 처리는 동일하게 '분할-정복(divide and conquer)' 원리가 사용된다는 점에서 병렬 데이터 처리와 매우 연관성이 높다. 그러나 분산 데이터 처리는 물리적으로 분할되어 있는 장치들이 네트워크화되어 하나의 클러스터를 이룬 형태에서만 이루어진다. 즉, 그림 6.2에 나타나 있는 것처럼 하나의 작업이 3개의 하위 작업들로 분할되어 하나의 물리적인 스위

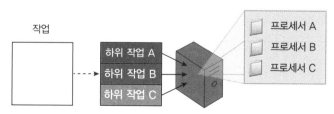

▲ **그림 6.1**  하나의 작업은 3개의 하위 작업들로 분할되어 같은 장치 내의 3개의 서로 다른 프로세서들을 통해 병렬적으로 처리된다.

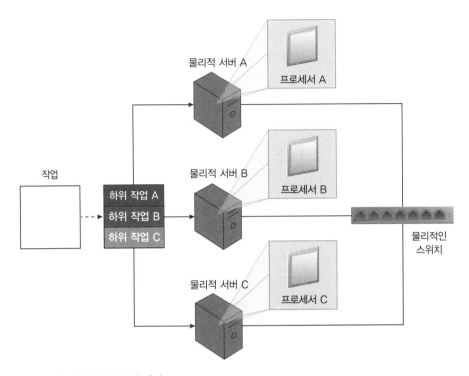

▲ **그림 6.2** 분산 데이터 처리의 예시

치를 공유하는 서로 다른 3대의 장치를 통해 수행된다.

## 하둡

하둡(Hadoop)은 대규모의 데이터를 저장하고 처리하기 위한 오픈소스 프레임워크로, 별도의 하드웨어 없이 범용 하드웨어로 구성이 가능하다. 하둡 프레임워크는 현존하는 빅데이터 솔루션들을 위한 실질적인 산업 플랫폼으로서의 지위를 가지고 있다. 이 프레임워크는 ETL 엔진 혹은 대량의 정형, 반정형, 비정형 데이터를 처리하는 분석 엔진으로 사용이 가능하다. 분석의 관점에서 보면 하둡은 맵리듀스 처리 프레임워크를 수행한다. 그림 6.3은 하둡이 가지는 특성의 일부를 보여준다.

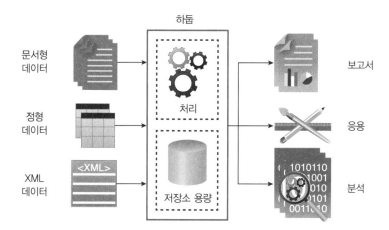

▲ **그림 6.3**   하둡은 다양한 처리 방식과 저장 공간을 제공하는 프레임워크이다.

## 작업부하 처리

빅데이터에서의 작업부하 처리는 일정 시간 내에 처리되는 데이터의 양과 특성으로 정의된다. 작업은 주로 두 종류의 유형으로 나뉜다.

- 일괄 형식
- 트랜잭션 형식

### 일괄 형식

오프라인 처리라고도 알려져 있는 일괄 처리는 데이터를 일괄적으로 처리함으로써 주로 지연을 야기하고 결과적으로 응답 시간을 늘리는 특성을 가지고 있다. 일괄 워크로드는 전형적으로 많은 양의 데이터를 순차적으로 읽거나 쓰는 작업과 읽기 혹은 쓰기 쿼리들의 볶음으로 구성되어 있다.

쿼리는 여러 번의 조인(join) 연산들로 구성되거나 복잡해질 수 있다. 온라인 분석 처리 (Online Analytical Processing, OLAP) 시스템은 워크로드를 주로 일괄적으로 처리한다. 또한 전략적 BI와 분석은 주로 대용량의 데이터를 읽는 작업에 굉장히 집중되어 있으므로 일괄 지향적이라고 할 수 있다. 그림 6.4에서 볼 수 있듯이, 일괄 워크로드는 큰 데이터의 공간을 차지하는 그룹화된 읽기/쓰기 작업과 복잡한 조인 연산 혹은 지연 시간이 긴 응답을 제공할 수

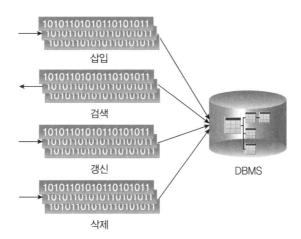

▲ **그림 6.4** 일괄 워크로드는 삽입, 검색, 갱신, 삭제의 데이터 베이스 연산을 위한 그룹화된 읽기/쓰기 작업들을 포함한다.

도 있다.

### 트랜잭션 형식

트랜잭션 처리는 온라인 처리라고도 알려져 있다. 트랜잭션 작업부하 처리는 데이터가 지연 없이 상호적으로 처리되어 결과적으로 응답에 소요되는 대기 시간이 짧다[1대의 장치 성능을 높이는 방식을 수직적 확장(scale up)이라 하고, 낮은 성능의 장치를 여러 대 사용하는 것을 수평적 확장(scale out)이라 한다 — 역주] 트랜잭션 워크로드는 적은 양의 데이터를 무작위로 읽거나 쓰는 것을 포함한다.

온라인 트랜잭션 처리(Online Transaction Processing, OLTP)와 운영 시스템이 이 처리 방식을 사용하는 범주에 속하며, 이 시스템들은 읽고 쓰는 쿼리들이 혼합되어 있기는 하지만 읽기보다는 주로 쓰기 작업에 초점이 맞춰져 있다.

트랜잭션 워크로드는 비즈니스 인텔리전스와 보고(reporting) 워크로드에 비해 적은 조인 연산을 포함하는 무작위의 읽기/쓰기 작업으로 구성되어 있다. 그림 6.5에서 알 수 있듯이, 주어진 온라인적인 속성과 기업 운영상의 중요성으로 인해 트랜잭션 워크로드는 데이터 공간을 크게 차지하지 않고 지연 시간이 짧다.

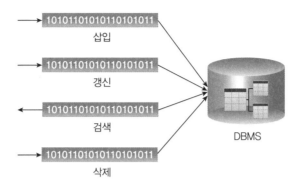

▲ **그림 6.5** 트랜잭션 워크로드는 일괄 워크로드에 비해 조인 연산이 적고 응답에 소요되는 지연 시간이 짧다.

## 클러스터

클러스터링이 수평적으로 확장 가능한 저장 솔루션을 창출하는 데 도움을 주는 것과 마찬가지로, 클러스터링은 선형 확장성을 가지며 분산 데이터 처리를 가능하게 하는 메커니즘도 제공한다. 클러스터링은 매우 높은 확장/축소 가능성을 가지기 때문에, 큰 데이터 세트를 작은 데이터 세트로 분할하고 분산된 형태로 병렬적으로 처리하는 빅데이터 처리 방식에 이상적인 환경을 제공한다. 클러스터를 이용할 때, 빅데이터의 데이터 세트는 일괄 방식으로 처리될 수도 있고 실시간 방식으로 처리될 수도 있다(그림 6.6). 이상적으로, 클러스터는 집단을 이루었을 때 향상된 처리 능력을 보이는 낮은 비용의 범용 노드들로 구성된다.

클러스터의 추가적인 이점은 물리적으로 분리된 노드로 이루어져 있기 때문에 고유의 중복성과 결함 포용성을 제공한다는 것이다. 중복성과 결함 포용성은 네트워크나 노드에 장애가 발생하더라도 회복이 가능한 처리와 분석을 할 수 있도록 한다. 빅데이터 환경에서는 처리의 수요가 항상 변동하므로(ready-made), 클라우드-호스트 인프라스트럭처 서비스 또는 기성 분석 환경을 클러스터의 중추로 이용하는 것이 합리적이다. 왜냐하면 탄력성과 실용성 기반의 컴퓨팅을 위한 지불 사용 모델 때문이다.

## 일괄 처리 방식

일괄 방식에서 데이터는 오프라인에서 일괄적으로 처리되며 반응 시간은 분 단위에서 시간

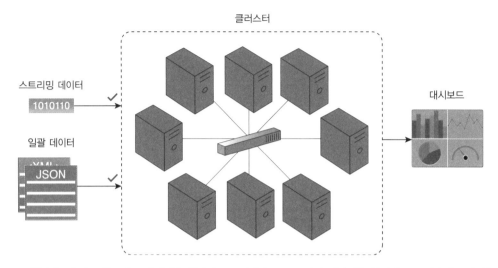

클러스터

스트리밍 데이터

1010110

일괄 데이터

JSON

대시보드

▲ **그림 6.6** 클러스터는 벌크 데이터를 일괄적으로 처리하고, 스트리밍 데이터를 실시간으로 처리하는 작업을 지원하기 위해 이용한다.

단위로 다양해질 수 있다. 또한 데이터는 반드시 처리되기 전에 디스크에 영구적으로 저장되어야 한다. 일괄 방식은 기본적으로 데이터 자체의 크기가 크거나 (여러 데이터 세트가) 같이 조인된 다양한 형태의 데이터 세트, 즉 빅데이터가 가진 용량 및 다양성의 특성을 보여줄 수 있는 데이터 세트를 처리하는 것을 포함한다.

빅데이터 처리의 대부분은 일괄 방식으로 진행된다. 상대적으로 간단하고, 시작하기 쉬우며 (뒤이어 나올) 실시간 방식에 비해 상대적으로 저렴하기 때문이다. 전략적 BI, 예측 분석과 처방 분석, 그리고 ETL(추출, 변환, 적재) 수행은 보통 일괄 지향적이다.

### 맵리듀스를 사용한 일괄 처리

맵리듀스는 일괄 처리 프레임워크를 실행하는 데 널리 사용된다. 이것은 높은 확장성과 신뢰도를 가지고 있으며 분할-정복 원칙에 기반하므로 내재된 결함 포용성과 중복성을 제공할 수 있다. 또한 큰 문제를 작은 문제들의 집합으로 나누어 쉽고 빠르게 문제를 해결할 수 있도록 한다. 맵리듀스는 분산 및 병렬 컴퓨팅 모두에 기반하고 있다. 또 범용 하드웨어를 클러스터 형태로 배치하고 이들을 병렬 처리하여 대량의 데이

▲ **그림 6.7** 엔진 처리를 나타내는 데 사용되는 기호

터 세트를 다루는 데 쓰이는 일괄 처리 엔진(그림 6.7)이다.

맵리듀스는 입력 데이터가 어떤 특정한 데이터 모델의 형식에 따르기를 요구하지 않는다. 그러므로 이는 스키마가 없는 데이터 세트를 다루는 데에도 사용될 수 있다. 데이터 세트는 다수의 작은 부분들로 분해되고 작업은 각각의 부분에 (분산되어) 독립적이고 병렬적으로 수행된다. 모든 작업의 결과는 요약되어 결론에 도달한다. 작업 관리를 조정하는 데 들어가는 오버헤드(overhead)(실제 일이 아닌 일을 쪼개거나 결과를 통합하는 등의 사무적인 일을 하는 데 소요되는 부가적인 시간 또는 비용 — 역주)로 인해, 맵리듀스 처리 엔진은 일반적으로 소요 시간이 긴 일괄 처리에 주로 사용된다. 맵리듀스는 구글의 연구 논문을 기반으로 하여 2000년 초에 발간되었다.

맵리듀스 처리 엔진은 기존 데이터 처리 패러다임과는 다르게 작동한다. 전통적으로 데이터 처리를 위해서는 저장 노드에 있는 데이터를 데이터 처리 알고리즘을 실행하는 처리 노드로 이동시켜야 한다. 이 접근법은 소규모 데이터 세트에 매우 효과적이다. 그러나 큰 데이터 세트의 경우, 데이터를 이동시키는 것이 실제 데이터 처리보다 더 많은 오버헤드를 발생시킬 수 있다.

맵리듀스를 사용하면 데이터 처리 알고리즘이 데이터를 저장하고 있던 저장 노드에서 실행된다. 데이터 처리 알고리즘이 저장 노드에서 병렬로 실행되므로 데이터를 이동시킬 필요가 없다. 이는 네트워크 대역폭을 절약할 뿐만 아니라 병렬적으로 작은 데이터 덩어리들을 처리하는 것이 훨씬 빠르기 때문에 대용량 데이터 세트를 처리할 때 처리 시간을 크게 단축시킨다.

## 맵과 리듀스 작업

맵리듀스 처리 엔진의 단일 처리 수행은 맵리듀스 잡(job)으로 알려져 있다. 각각의 맵리듀스 잡은 맵(map) 작업과 리듀스(reduce) 작업으로 구성되며 각 작업은 여러 단계로 이루어져 있다. 그림 6.8은 개별 단계들과 함께 맵과 리듀스 작업을 보여주고 있다.

맵 작업
- 맵
- 결합(선택사항)
- 분할

리듀스 작업
- 셔플과 정렬
- 리듀스

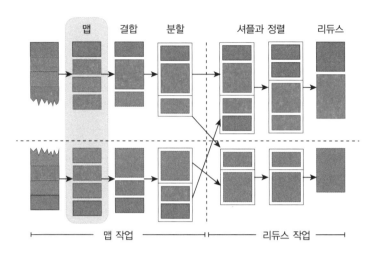

▲ **그림 6.8** 맵 단계가 강조된 맵리듀스 잡의 모식도

## 맵

맵리듀스의 첫 번째 단계는 데이터 세트 파일이 여러 개의 작은 스플릿들로 나뉘는 맵 단계이다. 각 스플릿은 이들을 구성하는 레코드를 키-값 쌍 형태로 파싱(parsing)한다(구문 분석된다는 의미이나 여기서는 구성 레코드를 발췌해 낸다는 의미이다 ─ 역주). 키는 일반적으로 레코드의 위치를 나타낸 서수이며, 값은 실제 레코드이다.

각 스플릿마다 파싱된 키-값 쌍들은 스플릿당 하나의 매퍼(mapper) 함수와 함께 맵 함수 또는 매퍼로 전송된다. 맵 함수는 사용자가 정의한 논리를 수행한다. 각 스플릿은 일반적으로 다수의 키-값 쌍을 보유하고 있으며, 매퍼는 스플릿 내의 각 키-값 쌍에 대해 한 번씩 실행된다.

매퍼는 사용자가 정의한 논리에 따라 각 키-값 쌍을 처리하고 출력으로 키-값 쌍을 생성한다. 출력 키는 입력 키와 동일하거나 입력 값의 부분 문자열일 수도 있고, 직렬화 가능한 또 다른 형태의 사용자 정의 객체일 수 있다. 비슷하게, 출력 값은 입력 값과 동일하거나 입력 값의 부분 문자열일 수도 있고, 직렬화가 가능한 또 다른 형태의 사용자 정의 객체일 수 있다.

스플릿의 모든 레코드가 처리된 후의 출력은 동일한 키에 대해 여러 키-값 쌍이 존재할 수 있는 키-값 쌍의 목록이다. 여기서 유의할 점은 입력 키-값 쌍의 경우, 매퍼가 출력

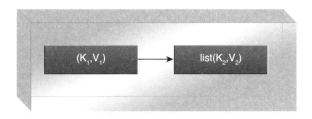

▲ **그림 6.9**   맵 단계의 요약

키-값 쌍을 생성하지 않거나(필터링) 여러 키-값 쌍을 생성할 수 있다는 점이다[역다중화 (demultiplexing)]. 맵 단계는 그림 6.9와 같이 요약이 가능하다.

**결합**

일반적으로 맵 함수의 출력은 리듀스 함수에 의해 직접 처리된다. 그러나 맵 작업과 리듀스 작업은 대부분 다른 노드에서 실행된다. 따라서 매퍼와 리듀서 간에 데이터의 이동이 필요 하다. 이런 데이터 이동은 많은 통신 대역폭을 소비하며 처리 시간 지연의 직접적인 원인이 된다.

따라서 보다 더 큰 데이터 세트를 사용하면 맵 단계와 리듀스 단계 사이에서 데이터를 이 동하는 데 걸리는 시간이 실제 맵 작업과 리듀스 작업을 처리하는 시간보다 더 길어질 수 있 다. 이러한 이유로 맵리듀스 엔진은 리듀서에서 매퍼의 출력이 처리되기 전에 이를 요약해 주는 결합 함수(결합자)의 실행 옵션을 제공한다. 그림 6.10은 결합 단계에 의한 맵 단계 출 력이 통합되는 것을 보여준다.

결합자는 기본적으로 매퍼와 동일한 노드에서 매퍼의 출력을 지역적으로 그룹화하는 리 듀서 함수이다. 결합 함수로 리듀서 함수 혹은 사용자 정의 함수를 사용할 수 있다.

맵리듀스 엔진은 결합자의 입력 값으로 키가 반복되지 않은 키-값 쌍들을 받아 해당 키들 의 값을 목록으로 만드는 과정을 통해, 매퍼의 출력에서 나온 키들의 값을 결합시킨다. 결합 단계는 최적화 단계일 뿐이므로, 맵리듀스 엔진에서 호출되지 않을 수도 있다.

예를 들어, 결합 함수는 가장 큰 숫자 또는 가장 작은 숫자를 찾아준다. 하지만 데이터의 부분 집합에 대해서만 작동하므로 모든 숫자의 평균을 찾아주지는 못한다. 결합 단계는 그림 6.11에 나와 있는 식으로 요약된다.

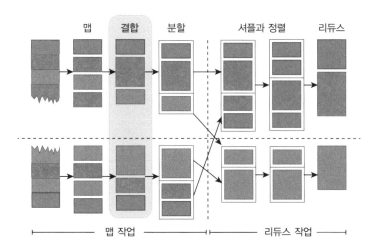

▲ **그림 6.10**  결합 단계에서는 맵 단계의 출력을 그룹화한다.

## 분할

2개 이상의 리듀서가 관련된 경우, 분할 단계에서는 분할기가 매퍼 또는 결합자(맵리듀스 엔진에서 지정되고 호출되는 경우)의 출력을 파티션으로 분할하여 리듀서 인스턴스로 만든다. 파티션의 수는 리듀서의 수와 같다. 그림 6.12는 결합 단계의 출력을 특정 리듀서에 할당하는 분할 단계를 보여준다.

각 파티션에는 여러 키-값 쌍이 포함되어 있지만 특정한 하나의 키에 대한 모든 레코드는 동일한 파티션에 할당된다. 맵리듀스 엔진은 여러 매퍼에 있는 모든 동일한 키가 같은 리듀서 인스턴스로 끝나는지 확인하는 동시에 리듀서들을 무작위로 공정하게 분배한다.

작업의 성격에 따라, 특정 리듀서는 가끔 다른 리듀서에 비해 많은 수의 키-값 쌍을 수신할 수 있다. 이러한 고르지 못한 작업량으로 인해 일부 리듀서는 다른 것들에 비해 더 일찍 완

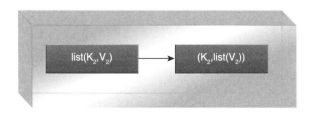

▲ **그림 6.11**  결합 단계의 요약

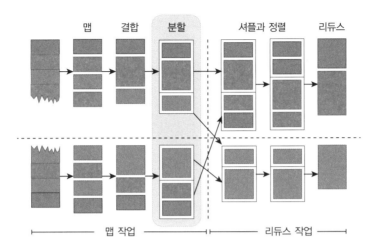

▲ **그림 6.12** 분할 단계는 맵 작업의 출력을 리듀서에 할당한다.

료된다. 전반적으로 이 방법은 효율성이 떨어지며 작업이 리듀서를 통해 균등하게 분할된 경우보다 작업 수행 시간이 길어진다. 이 문제는 키-값 쌍의 공평한 분배를 보장할 수 있도록 사용자가 직접 파티션 논리를 정의하여 해결할 수 있다.

파티션 함수는 맵 작업 중 마지막 단계에서 수행되고, 리듀서에 보내지는 특정 파티션의 인덱스를 반환한다. 이 분할 단계는 그림 6.13의 식으로 요약될 수 있다.

### 셔플과 정렬

리듀스 작업의 첫 번째 단계에서, 모든 분할기의 출력이 네트워크를 통해 리듀스 작업을 실행하는 노드로 복사되는데, 이를 셔플링이라고 한다. 각 분할기에서 출력된 키-값 목록에는 동일한 키가 여러 번 포함될 수 있다.

다음으로, 맵리듀스 엔진은 키-값 쌍을 키를 기준으로 자동으로 그룹화하고 정렬하여 같

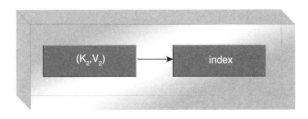

▲ **그림 6.13** 분할 단계의 요약

은 키가 같이 모여 있는 정렬된 목록을 출력한다. 특정 키에 대해서 값을 그룹화하고 정렬하는 방법은 사용자가 정의할 수 있다.

이 병합은 그룹당 하나의 키-값 쌍을 생성한다. 여기서 키는 그룹 키이고 값은 모든 그룹 값 목록이다. 이 단계는 그림 6.14의 식으로 요약할 수 있다.

그림 6.15는 리듀스 작업의 셔플과 정렬 단계를 실행하는 가상의 맵리듀스 과정을 보여준다.

## 리듀스

리듀스는 리듀스 작업의 마지막 단계이다. 리듀스 함수(리듀서)에 지정된 사용자 정의 논리에 따라 리듀서는 입력을 추가로 요약하거나, 변경 없이 그대로 출력을 내보낸다. 두 경우 모두 리듀서가 받는 각 키-값 쌍에 대해 값 부분에 저장된 값들의 목록이 처리되고 다른 키-값 쌍이 기록된다.

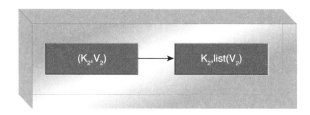

▲ **그림 6.14** 셔플과 정렬 단계의 요약

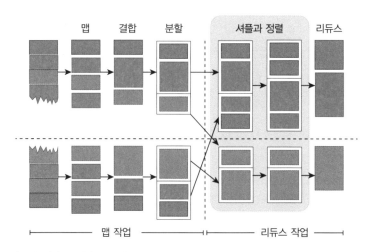

▲ **그림 6.15** 셔플과 정렬 단계가 이루어지는 동안, 데이터는 네트워크를 통해 리듀서 노드로 복사되고 키를 기준으로 정렬된다.

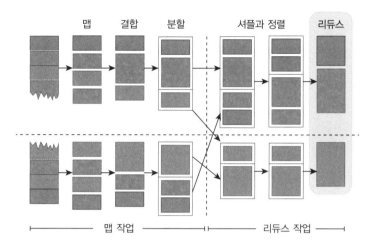

▲ **그림 6.16** 리듀스 작업의 마지막 단계인 리듀스 단계

출력 키는 입력 키와 동일하거나 입력 값의 부분 문자열 값일 수도 있고 직렬화가 가능한 또 다른 사용자 정의 객체와 같을 수 있다. 출력 값의 형태도 출력 키가 가질 수 있는 형태와 비슷하다.

매퍼와 마찬가지로 리듀서는 입력된 키-값 쌍에 대해 출력 키-값 쌍을 생성하지 않거나 (필터링) 여러 키-값 쌍을 생성할 수 있다(역다중화). 리듀서의 출력, 즉 키-값 쌍은 각각의 분할된 파일(리듀서당 하나의 파일)로 작성된다. 이는 그림 6.16에 묘사되어 있으며, 리듀스 작업에서 리듀스 단계를 강조하여 표시하고 있다. 맵리듀스 작업의 전체 출력 결과를 보려면 모든 파일 부분을 통합해야 한다.

리듀서의 개수는 사용자가 정의할 수 있다. 예를 들어, 필터링을 수행할 때는 리듀서 없이 맵리듀스 작업을 수행하는 것도 가능하다.

맵 함수의 출력 서명(키-값 유형)은 리듀스/결합 함수의 입력 서명(키-값 유형)과 일치해야 한다. 리듀스 단계는 그림 6.17의 식으로 요약할 수 있다.

**맵리듀스의 간단한 예시**

다음의 단계가 그림 6.18에 나와 있다.

1. 입력 파일(sales.txt)은 2개의 스플릿으로 나누어진다.

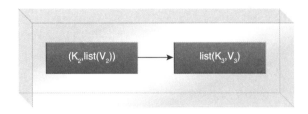

▲ **그림 6.17** 리듀스 단계의 요약

2. 노드 A와 노드 B의 두 가지 다른 노드에서 실행되는 2개의 맵 작업은 각 스플릿의 레코드에서 병렬적으로 제품과 수량을 추출한다. 각 맵 함수의 출력은 키-값 쌍이다. 여기서 키는 제품이고 값은 수량이다.

3. 그런 다음, 결합기는 제품 수량의 각 노드의 출력 값에 대한 부분적인 합을 구한다.

4. 리듀스 작업은 하나만 수행되므로, 분할 작업은 수행되지 않는다.

5. 그런 다음 리듀스 작업의 일부로서, 2개의 맵 작업의 출력이 셔플 단계를 실행하는 세 번째 노드인 노드 C로 복사된다.

6. 정렬 단계에서는 동일한 제품의 모든 수량을 모아 그룹화한다.

7. 리듀스 함수는 출력을 생성하기 위해 결합기처럼 각 고유 제품의 수량을 합산한다.

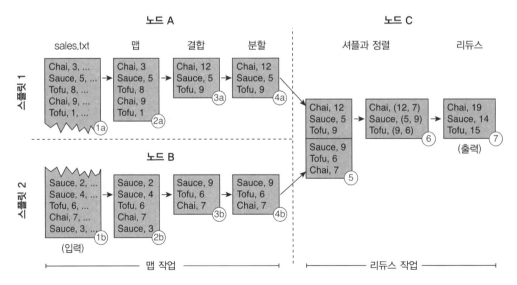

▲ **그림 6.18** 실행 중인 맵리듀스의 예시

## 맵리듀스 알고리즘의 이해

기존의 프로그래밍 모델과 달리 맵리듀스는 독특한 프로그래밍 모델을 따른다. 알고리즘이 프로그래밍 모델에 어떻게 디자인되거나 적용될 수 있는지 이해하기 위해서는 먼저 알고리즘의 설계 원리를 탐구해야 한다.

앞에서 설명한 것처럼, 맵리듀스는 분할-정복의 원칙에 따라 작동한다. 그러나 맵리듀스의 맥락에서 이 원칙의 의미를 이해하는 것이 중요하다. 분할-정복 원칙은 일반적으로 다음 중 하나의 접근법을 사용하여 달성된다.

- **작업 병렬 처리** — 작업 병렬 처리는 작업을 여러 개의 부분 작업으로 나누고 각 부분 작업을 별도의 프로세서(일반적으로 클러스터의 별도 노드)에서 실행하여 데이터 처리를 병렬화하는 것을 의미한다(그림 6.19). 각 부분 작업은 일반적으로 동일한 데이터의 사본 또는 다른 데이터의 사본을 입력으로 하여 병렬적으로 다른 알고리즘을 실행한다. 일반적으로 여러 부분 작업의 결과를 결합하여 최종 결과 집합을 얻는다.

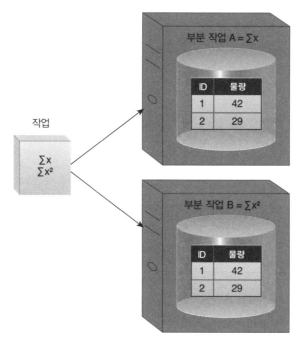

▲ **그림 6.19** 작업은 2개의 부분 작업인 부분 작업 A와 부분 작업 B로 나뉘며, 동일한 데이터 세트로 2개의 다른 노드에서 실행된다.

- 데이터 **병렬 처리** — 데이터 병렬 처리는 데이터 세트를 여러 개의 데이터 세트로 나누고 각 부분 데이터 세트를 병렬로 처리하는 데이터 처리의 병렬화를 나타낸다(그림 6.20). 부분 데이터 세트는 여러 노드에 분산되어 있으며 모두 동일한 알고리즘을 사용하여 처리된다. 일반적으로, 처리된 부분 데이터 세트 각각은 함께 결합되어 최종 결과 집합을 도출한다.

전체 데이터 세트의 크기로 인해 빅데이터 환경 내에서의 작업은 일반적으로 여러 위치에 분산된 레코드와 같은 작은 데이터 단위에서 반복적으로 수행되어야 한다. 맵리듀스는 데이터를 나누는 병렬 처리 방식을 사용하여 이 요구조건을 만족한다. 그런 다음, 각 스플릿은 동일한 처리 논리를 가지는 맵 함수가 각각의 스플릿마다 자체 인스턴스에 의해 처리된다.

대다수의 전통적인 알고리즘 개발은 후속 연산이 선행 연산에 의존하는 데이터 연산 방식, 즉 연산이 순차적으로 수행되는 순차 접근 방식을 따른다.

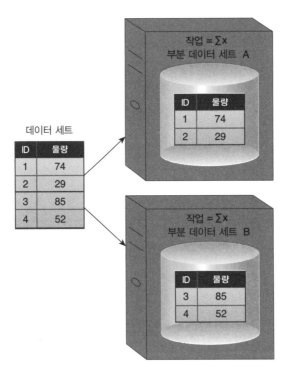

▲ **그림 6.20** 데이터 세트는 2개의 부분 데이터 세트인 부분 데이터 세트 A와 부분 데이터 세트 B로 나누어지며, 두 부분 집합은 동일한 함수를 사용하여 2개의 다른 노드에서 처리된다.

맵리듀스에서 연산은 맵과 리듀스 함수로 나뉜다. 맵 및 리듀스 작업은 독립적이며 다른 작업에 관계없이 수행된다. 또한 맵 또는 리듀스 함수의 각 인스턴스는 다른 인스턴스와 독립적으로 실행된다.

일반적으로 전통적인 알고리즘 개발의 함수 특성은 제한되지 않는다. 맵리듀스에서 맵 및 리듀스 함수 특성은 키-값 쌍의 집합으로 제한된다. (따라서) 키-값 쌍은 맵 함수가 리듀스 함수와 소통할 수 있는 유일한 방법이다. 이 외에도 맵 함수의 논리는 레코드가 파싱되는 방식에 따라 달라지며 데이터 세트의 데이터 단위가 무엇인지에 따라 달라진다.

예를 들어, 텍스트 파일의 각 행은 일반적으로 단일 레코드를 나타낸다. 그러나 2개 이상의 행 세트가 실제로 하나의 레코드를 구성할 수도 있다(그림 6.21). 또한 리듀스 함수 내의 논리는 맵 함수의 출력에 따라 달라지며, 특히 리듀스 함수에서 수신하는, 맵 함수에서 방출된 고유한 키와 이에 대한 모든 값이 통합된 목록이라는 사실을 유념해야 한다. 텍스트 추출과 같은 일부 시나리오에서는 리듀스 함수가 필요하지 않을 수 있다.

▲ **그림 6.21** 3개의 행이 단일 레코드를 구성하는 경우

맵리듀스 알고리즘을 개발할 때 주요 고려사항은 다음과 같이 요약할 수 있다.

- 상대적으로 단순한 알고리즘 논리를 사용하여 동일한 논리를 데이터 세트의 다른 부분에 병렬로 적용한 다음 결과를 몇 가지 다른 방식으로 집계하여 원하는 결과를 얻을 수 있도록 한다.
- 데이터 세트를 분산 방식으로 클러스터에 분할시켜 여러 맵 함수가 데이터 세트의 여러 부분 집합을 병렬로 처리할 수 있도록 한다.
- 의미 있는 데이터 단위(단일 레코드)를 선택할 수 있도록 데이터 세트 내의 데이터의 구조를 이해한다.
- 단일 스플릿 내의 데이터만 사용 가능하므로, 알고리즘 논리를 맵과 리듀스 함수로 나누어서 맵 함수 내의 논리가 전체 데이터 세트에 종속되지 않도록 한다.
- 리듀스 함수의 논리는 맵 함수에서 키-값 쌍 중 부분적으로 방출된 값만 처리할 수 있기 때문에 필요한 모든 데이터를 값으로 사용하여 맵 함수에서 올바른 키를 방출해야

한다.

- 각 리듀스 함수의 출력이 맵리듀스 알고리즘의 최종 출력이 되기 때문에 필요한 데이터를 값으로 사용하여 리듀스 함수에서 올바른 키를 내보내야 한다.

## 실시간 처리 방식

실시간 방식에서는 데이터가 디스크에 저장되기 전에 메모리 내에서 처리된다. 응답 시간은 일반적으로 1초에서 1분 이하이다. 실시간 방식은 빅데이터 데이터 세트의 속도 특성을 보여준다.

빅데이터 처리 중 하나인 실시간 처리는 데이터가 연속적으로(스트림) 또는 간격을 두고 (이벤트) 도착하므로 이벤트 또는 스트림 처리라고도 한다. 개별 이벤트/스트림 데이터는 일반적으로 크기가 작지만, 연속적 특성으로 인해 매우 큰 데이터 세트가 생성된다.

또 다른 관련 용어인 대화형 방식은 실시간 범주 내에 속하는 개념이다. 대화형 방식은 일반적으로 실시간 쿼리 처리를 나타낸다. 운영 BI/분석은 일반적으로 실시간 방식으로 수행된다.

빅데이터 처리와 관련된 기본 법칙을 속력, 일관성 및 용량(SCV) 원칙이라고 한다. 이 원칙은 실시간 처리 방식에 주로 영향을 미치는 처리에 대한 몇 가지 기본 제약을 규정하기 때문에 제일 먼저 다룰 예정이다.

### 속력 일관성 용량(SCV)

CAP 정리는 주로 분산 데이터 저장과 관련이 있지만 SCV(그림 6.22) 원칙은 분산 데이터 처리와 관련이 있다. 분산 데이터 처리 시스템은 다음 세 가지 요구사항 중 두 가지만 지원하도록 설계될 수 있다.

- 속력─속력 특성은 생성된 데이터를 얼마나 빨리 처리할 수 있는지를 나타낸다. 실시간 분석의 경우 데이터는 일괄 분석보다 비교적 빠르게 처리된다. 일반적으로 데이터를 메모리에서 캡처하는 데 걸리는 시간은 제외되며 통계 자료 생성 또는 알고리즘 실행과 같은 실제 데이터 처리(의 시간)에만 집중한다.
- 일관성─일관성 특성은 결과의 정확성과 정밀성을 의미한다. 결과가 정확한 값에 가깝

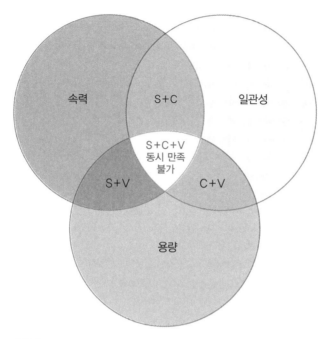

▲ **그림 6.22** SCV 원칙을 요약한 벤 다이어그램

다면 정확하다고, 각각이 유사하다면 정밀하다고 간주한다. 보다 일관된 시스템은 이용 가능한 모든 데이터를 사용할 수 있게 하므로 일관성이 떨어지는 시스템에 비해 높은 정확성과 정밀성을 얻을 수 있다. 반면, 샘플링 기술을 사용하는 일관성이 떨어지는 시스템은 허용 가능한 수준의 정밀성을 지니지만 정확성이 낮은 결과를 초래할 수 있다.

- **용량** — 용량 특성은 처리할 수 있는 데이터의 양을 나타낸다. 빅데이터의 속력 특성으로 인해 데이터 세트가 빠르게 증가하면, 방대한 양의 데이터를 분산된 방식으로 처리해야 할 필요성이 대두된다. 전체적으로, 속력과 일관성을 모두 유지하면서 이러한 방대한 데이터를 처리하는 것은 불가능하다.

속력(S) 및 일관성(C)이 요구되는 경우 많은 양의 데이터가 처리 속력을 늦추게 하므로 대용량 데이터(V)를 처리할 수 없다.

일관성(C) 및 대량의 데이터(V) 처리가 필요한 경우, 빠른 속도로 데이터 처리를 달성하기 위해서는 적은 양의 데이터가 요구되기 때문에 고속(S)으로 데이터를 처리할 수 없다.

고속(S) 데이터 처리와 함께 대용량(V) 데이터 처리가 필요한 경우, 대용량 데이터의 고속 처리는 데이터의 일관성을 감소시키는 샘플링 방법을 사용할 수 밖에 없으므로 일관성(C)을 지킬 수 없다.

이때, 이 세 가지 원칙 중 두 가지를 선택하는 작업은 분석 환경의 시스템 요구사항에 완전히 의존한다는 점을 유의해야 한다.

빅데이터 환경에서는 패턴 식별과 같은 심층적인 분석을 수행하는 데 최대한의 데이터를 사용할 수 있어야 한다. 따라서 더 많은 인사이트를 얻기 위해 일괄 처리를 수행해야 할 수 있다. 즉, 데이터가 계속해서 필요할 수 있으므로 용량(V)이 속력(S)과 일관성(C)보다 우선순위에 놓이는 것을 신중하게 고려해야 한다.

빅데이터 처리에서 데이터(V)의 손실이 용납될 수 없다고 가정하면, 실시간 데이터 분석 시스템은 일반적으로 속력(S), 일관성(C) 중 무엇이 선호되는지에 따라 S+V 또는 C+V 중 하나가 된다.

시간으로 빅데이터를 처리하는 것은 일반적으로 실시간 또는 거의 실시간 분석을 의미한다. 데이터는 부당한 지연 없이 기업이 분석 가능한 시점에 도달되면서 처리된다. 이때, 처음부터 데이터를 디스크(예를 들어, 데이터베이스)에 저장하는 대신 먼저 메모리에서 처리하고, 나중에 사용하거나 보관하기 위해 디스크에 저장한다. 이것은 데이터가 디스크에 먼저 저장되고 이후에 처리되어 상당한 지연이 발생하는 일괄 처리 방식과 정반대이다.

실시간으로 빅데이터를 분석하려면 인메모리 저장 장치(IMDG 또는 IMDB)를 사용해야 한다. 일단 메모리에 저장되면 하드 디스크 I/O 대기 시간 없이 실시간으로 데이터를 처리할 수 있다.

향상된 데이터 분석을 위해 인메모리 데이터를 이전에 일괄 처리된 데이터 또는 온디스크 저장 장치에서 불러온 정규화되지 않은 데이터와 결합시킬 수 있다. 이렇게 하면 데이터 세트를 메모리에 조인할 수 있으므로 실시간 처리가 가능하다.

실시간 빅데이터 처리는 일반적으로 들어오는 새 데이터를 참조하지만, 이전에 유지된, 대화식 응답이 필요한 데이터에 대해 쿼리 수행도 포함할 수 있다. 일단 데이터가 처리되면 관심 있는 소비자를 위해 처리 결과를 게시할 수 있다. 실시간 대시보드 응용 프로그램이나 사용자에게 실시간 업데이트를 제공하는 웹 응용 프로그램을 통해 보여줄 수 있다.

시스템 요구사항에 따라, 처리된 데이터와 원시 입력 데이터는 이후의 복잡한 일괄 데이

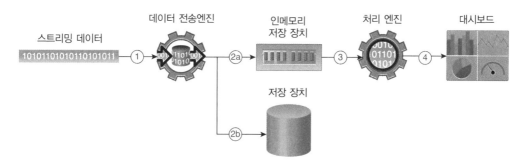

**▲ 그림 6.23**   빅데이터 환경에서의 실시간 데이터 처리 예시

터 분석을 위해 온디스크 저장 장치로 오프로드할 수 있다.

다음의 단계는 그림 6.23에 나와 있다.

1. 스트리밍 데이터는 데이터 전송 엔진을 통해 캡처된다.
2. 그런 다음 인메모리 저장 장치 (a) 및 온디스크 저장 장치 (b)에 동시에 저장된다.
3. 처리 엔진을 사용하여 실시간으로 데이터를 처리한다.
4. 마지막으로, 결과는 운영 분석을 위해 대시보드로 보내진다.

실시간 빅데이터 처리와 관련된 두 가지 중요한 개념은 다음과 같다.

- 이벤트 스트림 처리(Event Stream Processing, ESP)
- 복잡 이벤트 처리(Complex Event Processing, CEP)

### 이벤트 스트림 처리

일반적으로 ESP가 진행되는 동안, 단일 소스로부터 시간에 따라 정렬된 이벤트의 수신 스트림이 연속적으로 분석된다. 분석은 간단한 쿼리 또는 대부분이 수식을 기반으로 하는 알고리즘을 통해 이루어질 수 있다. 분석은 이벤트를 온디스크 저장 장치에 저장하기 전에 메모리 내에서 진행한다.

더 풍부한 분석을 수행하기 위해 다른(메모리 상주) 데이터 소스를 분석에 통합할 수도 있다. 처리 결과는 대시보드에 제공되거나 사전에 구성된 대응 또는 추가 분석을 수행하기 위한 다른 응용 프로그램의 기폭제 역할을 할 수 있다.

## 복잡 이벤트 처리

CEP가 진행되는 동안은 서로 다른 소스에서 오는 다양한 실시간 이벤트가 패턴 및 작업 시작 탐지를 위해 동시에 분석된다. 비즈니스 논리 및 처리의 맥락을 고려하여 규칙 기반 알고리즘 및 통계 기법을 적용함으로써, 교차 편집된 복잡 이벤트의 패턴을 발견한다.

CEP는 복잡성에 중점을 두어 풍부한 분석 기능을 제공한다. 그러나 결과적으로 수행 속도가 저하될 수 있다. 일반적으로 CEP는 ESP의 상위 집합으로 간주되며 종종 ESP의 결과를 CEP에 제공할 수 있는 합성 이벤트가 생성된다.

## 실시간 빅데이터 처리와 SCV

실시간 빅데이터 처리 시스템을 설계하는 동안은 SCV 원칙을 염두에 두어야 한다. 이 원칙에 비추어 볼 때, 완(完)실시간 및 근(近)실시간 빅데이터 처리 시스템을 고려해 보아야 한다. 완실시간과 근실시간 시나리오 모두, 데이터 손실은 용납되지 않는다고 가정한다. 즉, 두 시스템 모두 높은 데이터 용량(V) 처리가 필요하다.

데이터 손실이 발생하지 않아야 한다고 해서, 모든 데이터가 실제로 실시간으로 처리된다는 것을 의미하지는 않는다. 대신에, 시스템이 모든 입력 데이터를 캡처하고, 데이터는 온디스크 저장 장치에 직접 기록하거나 인메모리 저장을 위한 지속 레이어 역할을 하는 디스크에 간접적으로 저장하는 방식으로 처리되는 것을 의미한다.

완실시간 시스템의 경우, 빠른 응답(S)이 필요하므로 대용량 데이터(V)를 메모리에서 처리해야 하는 경우 일관성(C)이 저하된다. 이 시나리오는 샘플링 또는 근사화 기법을 사용해야 하며, 결과적으로 정확도는 떨어지지만 적절한 정밀도를 가지도록 적절한 시간 내에 생성한다.

근실시간 시스템의 경우에는 적절히 빠른 응답(S)만이 필요하므로 대용량 데이터(V)를 메모리에서 처리해야 하는 경우 일관성(C)을 보장할 수 있다. 샘플을 취하거나 근사 기법을 사용하지 않고, 전체 데이터 세트를 이용할 수 있으므로 완실시간 시스템과 비교할 때 결과가 더 정확하다.

따라서 빅데이터 처리와 관련하여 완실시간 시스템은 빠른 실시간 응답(S)을 보장하기 위해 일관성(C)에 대한 타협이 요구되는 반면, 근실시간은 결과의 일관성(C)을 보장하기 위해 속력을 저하(S)시킬 수 있다.

## 실시간 빅데이터 처리와 맵리듀스

맵리듀스는 일반적으로 실시간 빅데이터 처리에 적합하지 않다. 여기에는 맵리듀스 작업의 생성 및 조정과 관련된 오버헤드의 양의 문제가 아닌 몇몇의 다른 이유가 있다. 맵리듀스는 디스크에 저장된 많은 양의 데이터를 일괄적으로 처리하기 위한 것이다. 맵리듀스는 점진적으로 데이터를 처리할 수 없으며 전체 데이터 집합만 처리할 수 있다. 따라서 데이터 처리 작업을 실행하기 전에 모든 입력 데이터를 완전히 사용할 수 있어야 한다. 이것은 실시간 데이터 처리를 위한 요구사항과 상충된다. 왜냐하면 실시간 처리가 불완전하고 스트림을 통해 연속적으로 도착하는 데이터를 포함하기 때문이다.

또한 맵리듀스를 사용하면 일반적으로 모든 맵 작업이 완료되기 전에 리듀스 작업을 시작할 수 없다. 먼저 맵 출력은 맵 함수를 실행하는 각 노드에서 국부적으로 지속된다. 다음으로, 맵 출력은 네트워크를 통해 리듀스 함수를 실행하는 노드로 복사되는 과정에서 처리 대기 시간을 촉발한다. 마찬가지로, 특정 리듀서의 결과를 다른 리듀서에 직접 제공할 수 없기 때문에, 결과는 이후의 맵리듀스 작업을 통해 매퍼로 먼저 전달되어야 한다.

앞서 언급했듯이, 맵리듀스는 일반적으로 실시간 처리에 유용하지 않은데, 특히 완(完)실시간 제약 조건이 있는 경우는 더욱 그렇다. 그러나 몇 가지 전략으로 실시간에 가까운 빅데이터 처리 시나리오에서 맵리듀스를 사용할 수 있다.

한 가지 전략은 인메모리 저장 장치를 사용하여 맵리듀스 작업으로 구성된 대화형 쿼리에 대한 입력으로 사용되는 데이터를 저장하는 것이다. 또는 비교적 작은 데이터 세트에서 빈번한 간격, 예를 들어 매 5분마다 실행되도록 구성된 일괄 처리 맵리듀스 작업을 배포할 수 있다. 또 다른 접근법은 온디스크 저장 장치 데이터 세트에 대해 맵리듀스 작업을 지속적으로 실행하여, 대화형 쿼리 처리를 위해 새로 도착한 인메모리 스트리밍 데이터의 작은 용량 분석 결과와 결합할 수 있는 구체화된 보기를 생성하는 것이다.

스마트 디바이스의 대중화와 고객을 보다 적극적으로 참여시키려는 기업의 욕구 덕분에 실시간 빅데이터 처리 기능이 매우 빠르게 발전하고 있다. 스파크(Spark), 스톰(Storm), 테즈(Tez)와 같은 오픈소스 아파치 프로젝트는 진정한 실시간 빅데이터 처리 기능을 제공하며 새로운 세대의 실시간 처리 솔루션의 기초가 된다.

**사례연구**

ETI의 운영 정보 시스템의 대부분은 클라이언트 서버 및 n티어 아키텍처를 사용한다. 회사는 IT 시스템의 재고 조사 후 시스템이 분산 데이터 처리를 사용하지 않도록 결정한다. 대신 처리해야 하는 데이터는 클라이언트에서 수신되거나 데이터베이스에서 검색된 다음 단일 시스템에서 처리된다. 현재의 데이터 처리 모델은 분산 데이터 처리를 사용하지 않지만 일부 소프트웨어 엔지니어는 장치 수준의 병렬 데이터 처리 모델이 어느 정도 사용되어야 한다는 데에 동의한다. 이러한 의견은 일부 맞춤형 애플리케이션이 멀티 스레딩(threading)을 사용하여 랙 기반 서버에 있는 여러 코어들을 실행할 수 있도록 데이터 처리 작업을 분할함으로써 높은 성능을 낸다는 사실을 기반으로 한다.

### 작업부하 처리

IT팀은 트랜잭션과 일괄 워크로드가 현재 ETI의 IT 환경에서 데이터 처리를 할 때 모두 사용되기 때문에 이 두 작업 모두를 이해하고 있다. 청구 관리 및 (영수증) 청구와 같은 운영 시스템은 ACID 원리를 준수한 데이터베이스 트랜잭션으로 구성된 트랜잭션 작업을 보여준다. 반면, ETL 및 BI 활동을 통한 EDW의 인구는 일괄 작업을 나타낸다.

### 일괄 처리 방식

빅데이터 기술에 익숙하지 않은 IT팀은 데이터의 일괄 처리를 먼저 구현함으로써 점진적 접근 방식을 선택한다. 팀이 충분한 경험을 쌓으면 데이터의 실시간 처리를 구현할 수 있다.

　IT팀은 맵리듀스 프레임워크에 대한 이해를 돕기 위해 맵리듀스를 적용할 수 있는 시나리오를 선택하고 지적 훈련을 수행한다. 멤버들은 정기적으로 수행해야 하는 일 가운데 완료하는 데 오랜 시간이 걸리는 일이 가장 인기 있는 보험 상품을 로케이팅하는 것임을 파악하였다. 보험 상품의 인기는 해당 상품의 해당 페이지를 몇 번 보았는지에 따라 결정된다. 웹 서버는 웹 페이지가 요청될 때마다 로그 파일에 항목(쉼표로 구분된 필드 세트가 있는 텍스트 행)을 작성한다. 웹 서버 로그에는, 여러 필드 중에서도 웹 페이지를 요청한 웹 사이트 방문자의 IP 주소, 웹 페이지가 요청된 시간 및 페이지 이름이 포함된다. 페이지 이름은 웹 사이트 방문자가 관심을 갖고 있는 보험 상품의 이름과 일치한다. 현재 웹 서버 로그는 모든 웹 서버에서 관계형 데이터베이스로 가져온다. 다음으로 SQL 쿼리가 실행되어 페이지 뷰의 수와 함께 페이지 이름 목록을 얻는다. 이때, 로그 파일 가져오기 및 SQL 쿼리 실행은 완료하는 데 오랜 시간이 걸린다.

맵리듀스를 사용하여 페이지 뷰 수(에 대한 정보)를 얻기 위해 IT팀은 다음과 같은 접근 방식을 취한다. 맵 단계에서 텍스트의 각 입력 행에 대해 페이지 이름을 추출하여 이를 출력 키로 설정하고 숫자 1을 값으로 설정한다. 리듀스 단계에서는 단일 입력 키(페이지 이름)에 대한 모든 입력 값(1의 목록)을 루프하여 합하는 간단한 방식으로 총 페이지 뷰 수를 얻는다. 리듀스 단계의 출력은 페이지 이름을 키로, 총 페이지 뷰 수를 값으로 구성한다. 처리 효율성을 높이기 위해, 숙련된 IT팀 멤버들은 나머지 그룹에 결합기를 사용하여 리듀서와 정확히 동일한 논리를 실행할 수 있음을 상기시켰다. 그러나 결합기의 출력은 페이지 뷰 수의 부분합으로 구성된다. 따라서 결합기는 리듀서에서 총 페이지 조회 수를 얻는 논리와 동일하지만, 각 페이지 이름(키)에 대해 1의 목록(값)을 얻는 대신 입력 값들의 목록을 각 매퍼의 부분합으로 구성한다.

### 실시간 처리 방식

IT팀은 이벤트 스트림 처리 모델을 이용해 트위터 데이터에 대한 감성 분석을 실시간으로 수행하여 고객 불만의 원인을 찾을 수 있다고 생각한다.

제7장

# 빅데이터 저장 기술

- 온디스크 저장 장치
- 인메모리 저장 장치

BIG DATA
FUNDAMENTALS

저장 기술은 서버 내부에서부터 네트워크까지, 여러 분야에 걸쳐 지속적으로 발전해 왔다. 오늘날 통합 아키텍처로의 전환은 계산, 저장, 메모리 및 네트워크를 한 박스에 집어넣어 아키텍처를 균일하게 관리할 수 있게 한다. 이러한 변화 속에서, 1980년대 후반부터 기업 정보통신기술(ICT)의 관계형 데이터베이스 중심적인 관점은 빅데이터의 저장이라는 새로운 과제에 당면하면서 근본부터 바뀌게 되었다. 요컨대, 관계형 기술은 빅데이터 용량을 지원하는 부분에 있어 확장이나 가변이 어렵다는 것이다. 기업의 입장에서, 일반적으로 관계형 접근 방식과 호환되지 않는 반정형 데이터와 비정형 데이터를 처리할 때 진정한 가치를 발견할 수 있음은 물론이다.

빅데이터를 저장하기 위해서 1대의 거대한 컴퓨터를 사용하는 대신 많은 수의 컴퓨터(클러스터)를 사용하고 있다. 즉, 수직적 확장성 대신 수평적 확장성이 선택되었다. 더 큰 저장 공간이 필요하면 수평적 확장성을 통해 더 많은 노드를 추가하여 클러스터를 확장할 수 있다. 빅데이터가 인메모리 저장 장치를 통해 실시간 분석을 제공한다는 점에서, 수평적 확장성이 메모리 및 디스크 장치 모두에 똑같이 적용된다는 사실은 매우 중요하다고 할 수 있다. 심지어 일괄 처리는 SSD(Solid State Drive)의 성능에 의해 가속화된 반면, SSD의 가격은 저렴해졌다.

이 장에서는 빅데이터용 디스크 및 메모리 내 저장 장치 사용에 대해 자세히 설명한다. 플랫 파일 저장을 위한 분산 파일 시스템의 단순한 개념에서부터 비정형 데이터 및 반정형 데이터를 위한 NoSQL 장치에 이르는 주제를 다룬다. 특히 다양한 종류의 NoSQL 데이터베이스 기술 및 해당 용도에 대해 설명한다. 이 장의 마지막 주요 주제는 스트리밍 데이터 처리를 용이하게 하고 전체 데이터베이스를 보유할 수 있는 인메모리 저장 장치이다. 이러한 기술을 통해 기존의 디스크 기반, 일괄 처리에서 인메모리 실시간 처리로 전환할 수 있다.

## 온디스크 저장 장치

온디스크(On-disk) 저장 장치는 일반적으로 장기간 저장을 위해 저렴한 하드 디스크 드라이브를 사용한다. 온디스크 저장 장치는 그림 7.1과 같이 분산 파일 시스템 또는 데이터베이스를 통해 구현될 수 있다.

### 분산 파일 시스템

파일 시스템과 마찬가지로, 분산 파일 시스템은 저장되는 데이터에 대해 종속적이지 않으므로 스키마가 없는 데이터 저장소를 지원한다. 일반적으로 분산 파일 시스템 저장 장치는 복

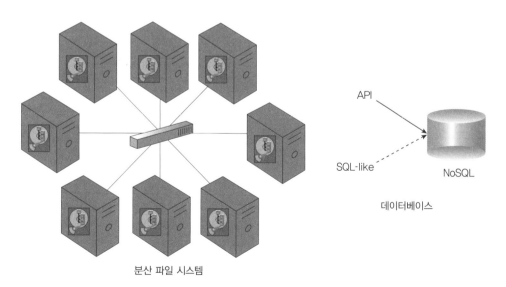

분산 파일 시스템

▲ **그림 7.1**  온디스크 저장 장치는 분산 파일 시스템이나 데이터베이스로 구현이 가능하다.

제를 통해 데이터를 여러 위치에 복사하여 중복성 및 높은 가용성을 제공한다.

분산 파일 시스템으로 구현되는 저장 장치는 반정형 데이터 및 비정형 데이터와 같은 관계가 없는(non-relational) 대형 데이터 세트를 저장할 수 있는 간단하고 접근이 빠른 데이터 저장을 제공한다. 또한 동시성 제어를 위한 간단한 파일 잠금 메커니즘을 기반함과 동시에, 빅데이터의 속도(velocity) 특성이라고 할 수 있는 빠른 읽기/쓰기 기능을 제공한다.

분산 파일 시스템은 많은 수의 작은 파일로 구성된 데이터 세트에 이상적이지 않다. 과도한 디스크 탐색을 유발하여 전체 데이터 액세스 속도를 저하시킬 수 있기 때문이다. 여러 개의 작은 파일을 처리하기 위해 더욱 많은 오버헤드가 발생하는데, 이는 일반적으로 결과가 클러스터에서 동기화되기 전에 런타임(runtime)에 처리 엔진이 각 파일을 생성하기 때문이다.

이러한 한계로 인해 분산 파일 시스템은 순차적 방식으로 접근되는, 소수의 사이즈가 큰 파일을 대상으로 가장 잘 작동한다. 여러 개의 작은 파일의 경우 단일 파일로 결합된 후 최적의 저장 및 처리가 가능하다. 이러한 파일 결합은 임의(random) 읽기 및 쓰기가 없는 스트리밍 모드에서 데이터에 접근해야 할 때 분산 파일 시스템의 성능을 향상시킬 수 있다(그림 7.2)(임의 읽기/쓰기 전 메모리의 주소를 주면 그 주소로 직접 접근하여 해당 데이터를 읽고 쓰는 기능이다. 반대로 테이프의 경우, 맨 앞에서부터 순차적으로 모든 데이터를 지나서야 해당 데이터에 도달한다 — 역주).

분산 파일 시스템 저장 장치는 원자료(raw data)의 대량 데이터 세트가 저장되거나 데이터 세트의 아카이브가 필요할 때 적합하다. 또한 장기간에 걸쳐 온라인 상태로 유지해야 하는 많

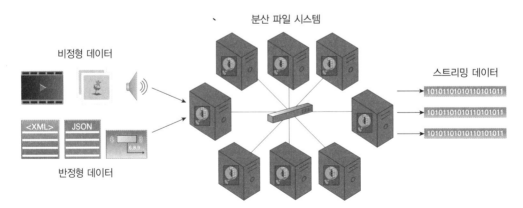

▲ **그림 7.2** 분산 파일 시스템은 데이터를 임의 읽기 및 쓰기가 없는 스트리밍 모드로 접근 가능하다.

은 양의 데이터를 대상으로 저렴한 저장 옵션을 제공한다. 이는 테이프와 같은 오프라인 데이터 저장소로 데이터를 옮길 필요 없이 더 많은 디스크를 클러스터에 간단히 추가할 수 있기 때문이다. 대신 분산 파일 시스템은 파일 내용을 검색하는 표준 기능을 제공하지 않는다.

### 관계형 데이터베이스 관리 시스템

관계형 데이터베이스 관리 시스템(Relational Database Management Systems, RDBMS)은 임의의 읽기/쓰기 특성을 사용하여 소량의 데이터가 포함된 트랜잭션 작업부하를 처리하는 데 적합하다. 관계형 데이터베이스 관리 시스템은 ACID를 준수하며, 이러한 규정을 준수하기 위해 일반적으로 단일 노드로 제한된다. 이러한 이유로 관계형 데이터베이스 관리 시스템은 표준적인 이중화(redundancy) 및 결함 포용성(fault tolerance)을 제공하지 않는다.

빠른 속도로 대량의 데이터를 처리하려면 보통 관계형 데이터베이스를 확장해야 한다. 관계형 데이터베이스 관리 시스템은 수평 확장성이 아닌 수직 확장성을 채택하는데, 이는 비용이 더 들고 기존 방식을 와해할 가능성이 높다. 때문에 관계형 데이터베이스 관리 시스템은 계속 축적되는 데이터를 장기 저장하는 데에는 이상적이지 않다.

IBM DB2 pureScale, Sybase ASE Cluster Edition, Oracle Real Application Clusters(RAC) 및 Microsoft Parallel Data Warehouse(PDW)와 같은 일부 관계형 데이터베이스는 클러스터에서 실행될 수 있다(그림 7.3). 그러나 이러한 데이터베이스 클러스터들도 여전히 단일 장애 지점(single point of failure)(이중화되지 않음으로 인해 해당 시스템의 장애 시 전체 또는 일부 서비스의 중단을 가져오는 시스템 자원 — 역주)으로 사용하기 위해 공유 저장 공간을 사용한다.

관계형 데이터베이스는 주로 응용 프로그램의 로직에 따라 수동으로 샤딩(sharded)해야 한다. 이것은 응용 프로그램이 필요로 하는 데이터를 얻기 위해 어떠한 특정 샤드를 쿼리해야 하는지 미리 알아야 한다는 것을 의미한다. 특히 여러 샤드의 데이터가 필요할 때 데이터 처리가 더욱 복잡해진다.

다음의 단계들은 그림 7.4의 설명이다.

1. 사용자가 레코드를 작성한다(ID = 2).
2. 응용 프로그램의 로직에 따라 어떤 샤드에 기록되어야 하는지 결정된다.

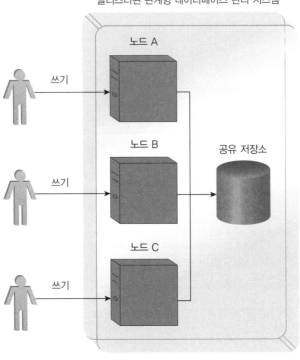

▲ **그림 7.3** 클러스터된 관계형 데이터베이스는 데이터베이스의 가용성에 영향을 주는 단일 장애 지점으로 작용할 수 있는 공유 저장소 아키텍처를 사용한다.

3. 응용 프로그램의 로직에 따라 결정된 샤드에 레코드가 전송된다.
4. 사용자가 레코드(ID=4)를 읽고자 하면 응용 프로그램의 로직에 따라 해당 데이터를 포함하는 샤드가 식별된다.
5. 데이터가 읽힌 후 응용 프로그램으로 리턴(return)된다.
6. 응용 프로그램이 레코드를 사용자에게 리턴한다.

그림 7.5는 다음과 같은 단계들을 시각화하였다.

1. 사용자가 여러 레코드(ID=1, 3)를 요청하면 응용 프로그램의 로직에 따라 어떤 샤드를 읽을지 결정한다.
2. 응용 프로그램의 로직에 따라, 샤드 A와 샤드 B를 모두 읽을 것이 결정된다.

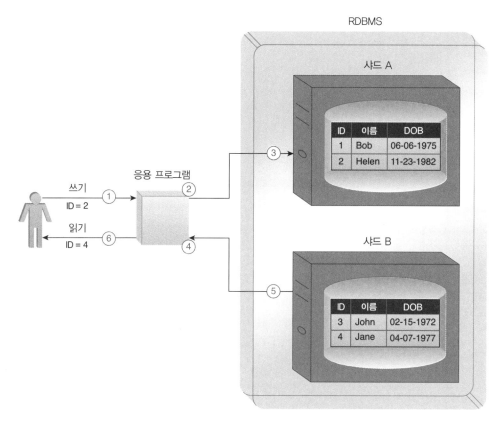

RDBMS

샤드 A

| ID | 이름 | DOB |
|----|------|-----|
| 1 | Bob | 06-06-1975 |
| 2 | Helen | 11-23-1982 |

응용 프로그램

쓰기
ID = 2

읽기
ID = 4

샤드 B

| ID | 이름 | DOB |
|----|------|-----|
| 3 | John | 02-15-1972 |
| 4 | Jane | 04-07-1977 |

▲ **그림 7.4** 관계형 데이터베이스는 응용 프로그램의 로직에 따라 수동으로 분할된다.

3. 응용 프로그램에서 데이터를 읽고 조인(join)한다.

4. 마지막으로, 데이터가 사용자에게 리턴된다.

관계형 데이터베이스에 데이터를 저장하려면, 해당 데이터가 관계형 스키마를 따라야 한다. 결과적으로 스키마가 비관계형일 경우 비정형 데이터와 반정형 데이터의 저장은 지원되지 않는다. 또한 관계형 데이터베이스 스키마 적합성 체크는 데이터 삽입 또는 업데이트 시 함께 진행되므로 대기 시간 오버헤드가 발생한다.

이 대기 시간으로 인하여, 관계형 데이터베이스는 고속 생성 데이터 쓰기 기능을 갖춘 고가용성(highly available) 데이터베이스 저장 장치가 필요하기 때문이다. 이러한 문제로 인해, 전통적인 관계형 데이터베이스 관리 시스템은 일반적으로 빅데이터 솔루션 환경에서 기본

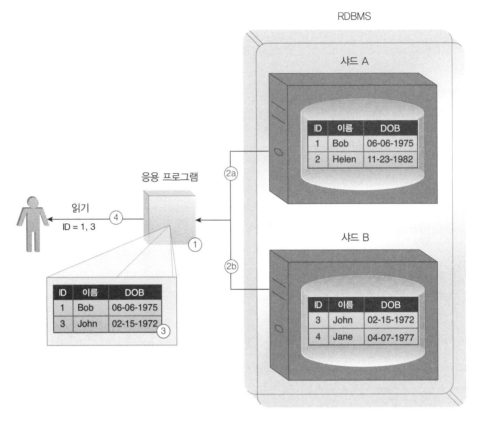

▲ **그림 7.5** 응용 논리(application logic)를 사용하여 여러 샤드에서 가져온 데이터를 결합하는 예

(primary) 저장 장치로 유용하지 않다.

## NoSQL 데이터베이스

NoSQL은 확장성 및 결함 포용성이 뛰어난 차세대 비관계형 데이터베이스를 개발하는 데 사용되는 기술이다. NoSQL 데이터베이스를 나타내는 데 사용되는 기호는 그림 7.6에 나와 있다.

NoSQL 데이터베이스

▲ **그림 7.6** NoSQL 데이터베이스를 표현하는 기호

### 특징

다음은 기존의 관계형 데이터베이스 관리 시스템과 차별화된 NoSQL 저장 장치의 주요 기능 목록이다. 이 목록은 모든 NoSQL 저장 장치가 이러한 모든 기능을 제공하는 것은 아니므로 일반적인 지침으로 간주해야 한다.

- 스키마리스(schema-less) 데이터 모델 — 데이터는 원형태(raw form)로 존재할 수 있다.
- 수직적 확장보다 수평적 확장 선호 — 기존 노드를 더 나은 성능/용량으로 교체해야 하는 것과 달리 NoSQL 데이터베이스로 추가 스토리지를 확보하기 위해 더 많은 노드를 추가할 수 있다.
- 고가용성 — 이 기능은 결함 포용성을 제공하는 클러스터 기술을 기반으로 한다.
- 운영 비용 절감 — 많은 NoSQL 데이터베이스가 라이센스 비용 없이 오픈소스 플랫폼에 구축된다. 이들은 흔히 범용 하드웨어에 배치될 수 있다.
- 궁극적 일관성(eventual consistency) — 여러 노드에서 읽는 데이터는 쓰기 직후에는 일관성이 없을 수 있다. 그러나 모든 노드는 결국 일관된 상태가 된다.
- ACID보다 BASE 선호 — BASE 규격에 따르면, 데이터베이스는 네트워크/노드 장애 시 고가용성을 유지해야 하며, 업데이트가 발생할 때마다 데이터베이스가 일관된 상태가 되는 것을 요구하지 않는다. 데이터베이스는 결국 일관성을 얻을 때까지 외부에서 전송된 정보를 통해 데이터가 덮여 쓰일 수 있는 소프트 상태가 될 수 있다. 그 결과, CAP 이론을 고려할 때 NoSQL 저장 장치는 일반적으로 AP 또는 CP이다.
- API 기반 데이터 접근 — 데이터 접근은 일반적으로 RESTful API를 비롯한 API 기반 쿼리를 통해 지원되지만, 일부 구현은 SQL과 유사한 쿼리 기능을 제공할 수도 있다.
- 자동 샤딩 및 복제 — 수평적 확장을 지원하고 고가용성을 제공하기 위해 NoSQL 저장 장치는 자동 샤딩 및 복제 기술을 사용하여 데이터 세트를 수평으로 분할한 후 여러 노드로 복사한다.
- 통합 캐싱 — Memcached와 같은 제3자 분산 캐싱(caching) 계층이 필요 없다.
- 분산 쿼리 지원 — NoSQL 저장 장치는 여러 샤드에서 일관된 쿼리 동작을 유지한다.
- 다언어(polyglot) 지속성 — NoSQL 저장 장치를 사용한다고 해서 기존 관계형 데이터베이스 관리 시스템을 폐기해야만 하는 것은 아니다. 실제로 이 두 가지 기능을 동시에 사용할 수 있으므로, 동일한 솔루션 아키텍처 내에서 다양한 유형의 스토리지 기술을 사용하여 데이터를 보존하는 방식인 다언어(polyglot) 지속성을 지원한다. 비정형/반정형 데이터가 필요한 시스템을 개발할 때 유용하다.
- 집계 중심(aggregate-focused) — 관계형 데이터베이스가 완전히 정규화된 데이터에서 가장 효과적인 것과 달리, NoSQL 저장 장치는 정규화되지 않은 집계(de-normalized

aggregate) 데이터[객체에 병합(merged)되거나 종종 중첩(nested)된 데이터를 포함하는 개체(entity)]를 저장한다. 그래서 응용 프로그램 개체와 데이터베이스에 저장된 데이터 간의 조인 및 광범위한 매핑이 필요하지 않다. 그러나 (곧 소개될) 그래프 데이터베이스 저장 장치는 집계 중심이 아니다.

## 이유

NoSQL 저장 장치의 출현은 주로 빅데이터 데이터 세트의 크기(volume), 속도(velocity) 및 다양성(variety)에 기인한다.

## 크기

지속적으로 증가하는 데이터 크기에 대한 저장 요구사항은 확장성이 뛰어나고 비즈니스 비용 절감을 유지하면서 데이터베이스의 경쟁력을 유지하도록 요구한다. NoSQL 저장 장치는 저가형 범용 서버를 사용하면서 확장 기능을 제공함으로 이 요구사항을 충족시킨다.

## 속도

빠른 데이터 유입으로 인해 빠른 액세스 데이터 쓰기 기능이 필요한 데이터베이스가 필요하다. NoSQL 저장 장치를 사용하면 스키마를 쓰는 것이 아니라 스키마를 읽는 방식을 사용하여 빠른 쓰기가 가능하다. 가용성이 높기 때문에 NoSQL 저장 장치는 노드 또는 네트워크 장애로 인해 쓰기 대기 시간이 발생하지 않도록 보장한다.

## 다양성

저장 장치는 문서, 이메일, 이미지 및 비디오, 불완전한 데이터 등 다양한 데이터 형식을 처리해야 한다. NoSQL 저장 장치는 이러한 다양한 형태의 반정형/비정형 데이터 형식을 저장할 수 있다. 동시에 NoSQL 저장 장치는 데이터 세트의 데이터 모델이 발전함에 따라 스키마를 변경하는 기능을 추가하여 스키마가 없는 데이터와 불완전한 데이터를 저장할 수 있다. 즉, NoSQL 데이터베이스는 스키마 진화(schema evolution)를 지원한다.

## 타입

NoSQL 저장 장치는 그림 7.7~7.10과 같이 데이터를 저장하는 방식에 따라 크게 네 가지 유형으로 나눌 수 있다.

- 키-값
- 문서
- 칼럼-패밀리
- 그래프

▶ **그림 7.7** NoSQL 저장 장치의 키-값 예시

| 키 | 값 |
|-----|-----|
| 631 | John Smith, 10.0.30.25, Good customer service |
| 365 | 1001010111011011110111010101101010101001110011010 |
| 198 | \<CustomerId\>32195\</CustomerId\>\<Total\>43.25\</Total\> |

▶ **그림 7.8** NoSQL 저장 장치의 문서 예시

```
{
    invoiceId:37235,
    date:19600801,
    custId:29317,
    items:[
        {itemId:473,quantity:2},
        {itemId:971,quantity:5}
    ]
}
```

▶ **그림 7.9** NoSQL 저장 장치의 칼럼-패밀리 예시

| 학생 ID | 인적 사항 | 주소 | 수업 기록 |
|-----|-----|-----|-----|
| 821 | 이름 : 크리스틴<br>성 : 어거스틴<br>생년월일 : 1992-03-15<br>성별 : 여성<br>국적 : 프랑스 | 도로 : 123 뉴 애비뉴<br>도시 : 포틀랜드<br>주 : 오리건<br>우편번호 : 12345<br>국가 : 미국 | 총 수업 : 5<br>합격 : 4<br>불합격 : 1 |
| 742 | 이름 : 카를로스<br>성 : 로드리게스<br>중간이름 : 호세<br>성별 : 남성 | 도로 : 456 올드 애비뉴<br>도시 : 로스앤젤레스<br>국가 : 미국 | 총 수업 : 7<br>합격 : 5<br>불합격 : 2 |

▶ **그림 7.10** NoSQL 저장 장치의 그래프 예시

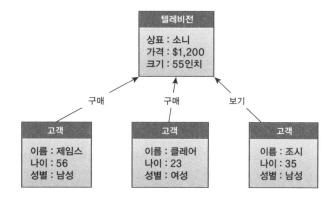

## 키-값

키-값 저장 장치는 데이터를 키-값 쌍으로 저장하고, 해시 테이블처럼 작동한다. 테이블은 각 값이 키에 의해 식별되는 값 목록이다. 값은 데이터베이스에 대해 불투명(opaque)하며 일반적으로 BLOB(binary large object)로 저장된다. 저장된 값은 센서 데이터든 비디오든 모든 유형의 집계 값이 될 수 있다.

값 조회는 키를 통해 수행할 수 있다. 데이터베이스는 저장된 집계 값의 세부사항을 알지 못하기 때문이다. 부분적인 업데이트는 불가능하다. 갱신은 삭제 또는 삽입 조작을 통하여 이루어진다.

키-값 저장 장치는 일반적으로 인덱스를 유지하지 않으므로 쓰기가 매우 빠르다. 간단한 저장 모델을 기반으로 하는 키-값 저장 장치는 확장성이 뛰어나다.

키는 데이터를 검색하는 유일한 수단이기 때문에 일반적으로 쉽게 검색할 수 있는 형태로 추가 및 저장된다. 예를 들면, 123_sensor1과 같은 방식이 있다.

저장된 데이터에 구조를 만들어주기 위해, 대부분의 키-값 저장 장치는 키-값 쌍이 구성될 수 있는 컬렉션(collection) 또는 (테이블과 같은) 버킷(bucket)을 제공한다. 단일 컬렉션은 그림 7.11과 같이 여러 데이터 형식을 포함할 수 있다. 스토리지 풋프린트(storage footprint)를 줄이기 위해 데이터 값을 압축 저장하기도 한다. 그러나 리턴되기 전에 먼저 데이터의 압축을 해제해야 하기 때문에 읽기 시간에 지연이 발생한다.

키-값 저장 장치는 다음의 경우 사용이 적절하다.

- 비정형 데이터 저장 장치가 필요할 때
- 고성능의 읽기/쓰기가 필요할 때
- 키를 통해서 완전히 식별 가능한 값들이 있을 때
- 값은 다른 값에 종속되지 않는 독립된 개체일 때

| 키 | 값 | |
|-----|------------------------------------------------|----------|
| 631 | John Smith, 10.0.30.25, Good customer service | ← 텍스트 |
| 365 | 10101101010110101011101011010101101010110101110 | ← 이미지 |
| 198 | <CustomerId>32195</CustomerId><Total>43.25</Total> | ← XML |

▲ **그림 7.11** 키-값 쌍으로 구성된 데이터의 예시

- 값이 비교적 단순한 구조이거나 바이너리(binary)일 때
- 쿼리 패턴이 간단하며 삽입, 선택 및 삭제 작업만 포함될 때
- 저장된 값이 응용 프로그램 계층에서 조작될 때

키-값 저장 장치는 다음의 경우일 때 사용이 적절하지 않다.

- 애플리케이션이 저장된 값의 속성을 사용하여 데이터를 검색하거나 필터링해야 할 때
- 키-값 쌍의 엔트리 간의 관계가 존재할 때
- 한 그룹의 키의 값들을 하나의 트랜잭션으로 업데이트해야 할 때
- 여러 키가 한 번의 운용(operation)으로 조작이 필요할 때
- 서로 다른 값에 대한 스키마 일관성이 필요할 때
- 값의 개별 속성에 대한 업데이트가 필요할 때

Riak, Redis 및 Amazon Dynamo DB 등이 키-값 저장 장치의 예에 속한다.

## 문서

문서 저장 장치 또한 데이터를 키-값 쌍으로 저장한다. 그러나 키-값 저장 장치와 달리 저장된 값은 데이터베이스에서 쿼리할 수 있는 문서이다. 이러한 문서는 송장(invoice)과 같이 복잡한 중첩 구조를 가질 수 있다(그림 7.12). 문서는 XML 또는 JSON과 같은 텍스트 기반 인코딩 체계를 사용하거나 BSON(Binary JSON)과 같은 2진법 인코딩 체계를 사용하여 인코딩할 수 있다.

　키-값 저장 장치와 마찬가지로 대부분의 문서 저장 장치는 키-값 쌍으로 구성될 수 있는 컬렉션 또는 버킷을 제공한다. 문서 저장 장치와 키-값 저장 장치의 주요 차이점은 다음과 같다.

- 문서 저장 장치는 값을 인식할 수 있다.
- 저장된 값은 자체 설명된다(self-describing). 스키마는 값의 구조로부터 추론될 수 있거나 문서의 스키마에 대한 참조가 값에 포함된다.
- 셀렉트 연산은 집계 값 내부의 필드를 참조할 수 있다.
- 셀렉트 연산은 집계 값의 일부를 검색할 수 있다.

- 부분 업데이트가 지원된다. 따라서 집계의 하위 집합을 업데이트할 수 있다.
- 일반적으로 검색 속도를 높이는 인덱스가 지원된다.

각 문서는 다른 스키마를 가질 수 있다. 따라서 동일한 컬렉션 또는 버킷에 다른 유형의 문서를 저장할 수 있다. 초기 삽입 후에 추가 필드를 문서에 추가할 수 있으므로 유연한 스키마 지원이 제공된다.

문서 저장 장치는 XML 파일과 같은 실제 문서의 형태로 발생하는 데이터를 저장하는 데에만 국한되지 않고, 플랫 스키마(flat schema) 혹은 네스티드 스키마(nested schema) 같은 필드의 집합을 저장하는 데에도 사용할 수 있다. 문서 NoSQL 데이터베이스에 저장되는 JSON 문서의 예시를 그림 7.12를 통해 표현하였다.

문서 저장 장치 사용은 다음과 같은 경우에 적합하다.

- 플랫 혹은 네스티드 스키마를 포함하는 반정형 구조의 문서 기반 데이터를 저장할 경우
- 문서의 구조를 알 수 없거나 변경될 가능성이 있어 스키마의 진화가 필수적인 경우
- 응용 프로그램이 문서로 저장되어 있는 집계의 부분 업데이트를 필요로 하는 경우
- 검색이 문서 내 다른 필드에서 수행되어야 하는 경우
- 고객과 같은 도메인 객체를 직렬화된 객체 형식으로 저장하려는 경우
- 쿼리 패턴에 삽입, 선택, 업데이트 및 삭제 작업이 포함되는 경우

문서 저장 장치 사용은 다음과 같은 경우에 부적합하다.

- 단일 트랜잭션의 일부로 여러 문서를 업데이트해야 하는 경우
- 여러 문서를 조인하거나 정규화된 데이터의 저장이 필요한 작업을 수행하는 경우

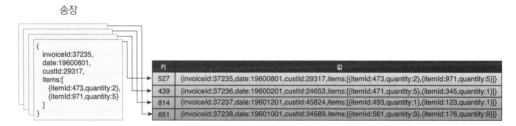

▲ **그림 7.12** 문서 저장 장치에 저장된 JSON 데이터 예시

- 쿼리를 재구성해야 하는 연속 쿼리 실행 시, 문서 구조가 변경될 것을 감안하는 일관된 쿼리 디자인의 스키마 적용이 필요한 경우
- 저장된 값이 자체적으로 설명되지 않거나 스키마에 대한 참조가 없는 경우
- 바이너리 데이터를 저장해야 하는 경우

문서 저장 장치의 예시로는 MongoDB, CouchDB, 그리고 Terrastore 등이 있다.

### 칼럼-패밀리

칼럼-패밀리(Column-Family) 저장 장치는 기존의 관계형 데이터베이스 관리 시스템처럼 데이터를 저장하지만, 관련 열을 함께 그룹화하여 칼럼-패밀리를 생성한다(그림 7.13). 관련 열의 모음을 하나의 열로 지정할 수도 있으며, 이것을 슈퍼 칼럼(super-column)이라고도 한다.

각 슈퍼 칼럼에는 일반적으로 단일 단위로 검색되거나 업데이트되는 임의의 수의 관련 열이 포함될 수 있다. 각 행은 여러 칼럼-패밀리로 구성되며 다른 열 집합을 가질 수 있으므로, 플렉시블 스키마 지원(flexible schema support)을 나타낸다. 각 행은 행 키로 식별된다.

칼럼-패밀리 저장 장치는 임의의 읽기/쓰기 기능으로 빠른 데이터 액세스를 제공한다. 별도의 물리적 파일에 서로 다른 칼럼-패밀리를 저장하고, 탐색 시 필요한 칼럼-패밀리만 검색되므로 쿼리 응답성이 향상된다.

일부 칼럼-패밀리 저장 장치는 칼럼-패밀리를 선택적으로 압축하기 위한 지원을 제공한

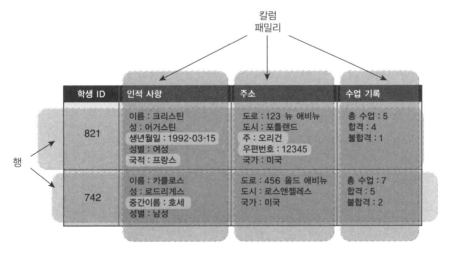

▲ **그림 7.13**  강조 표시된 열은 칼럼-패밀리 데이터베이스에서 지원하는 플렉시블 스키마 기능을 나타낸다. 이 예시에서 각 행은 서로 다른 열의 집합이다.

다. 검색 가능한 칼럼-패밀리를 압축하지 않은 채로 두면, 조회를 위해 대상 열을 매 차례 압축 해제할 필요가 없기 때문에 쿼리를 더 빨리 수행할 수 있다.

대부분의 구현은 데이터 버전 관리를 지원하지만, 일부는 열 데이터의 만료 시간 지정 관리를 지원한다. 후자의 경우, 만료 시간이 지나면 데이터가 자동으로 제거된다.

칼럼-패밀리 저장 장치의 사용은 다음과 같은 경우에 적합하다.

- 실시간 무작위 읽기/쓰기 기능이 필요하고, 저장되는 데이터에 임의로 정의된 구조가 있는 경우
- 데이터가 표 형식의 구조를 나타내며, 각 행이 많은 수의 열로 구성되어 상호 연결된 데이터의 네스티드 그룹이 존재하는 경우
- 시스템 중단 없이 칼럼-패밀리를 추가하거나 제거할 수 있는 스키마 변경 지원이 필요한 경우
- 특정 필드가 대부분 함께 액세스될 때, 필드 값을 사용하여 검색을 수행해야 하는 경우
- 데이터가 공간이 부족한 행으로 구성되어 저장 장치의 효율적인 사용이 필수적인 경우 (칼럼-패밀리 데이터베이스는 열이 존재하는 경우에만 저장 공간을 할당하므로, 열이 없으면 공간이 할당되지 않는다.)
- 쿼리 패턴에 삽입, 선택, 업데이트 및 삭제 작업이 포함되는 경우

칼럼-패밀리 저장 장치의 사용은 다음과 같은 경우에 부적합하다.

- 관계형 데이터 접근이 필요한 경우(예 : 조인)
- ACID 트랜잭션 지원이 필요한 경우
- 바이너리 데이터를 저장해야 하는 경우
- SQL 호환 쿼리를 실행해야 하는 경우
- 쿼리 패턴이 자주 변경되는 경우(칼럼-패밀리가 배열되는 방식에 상응하는 패턴으로 재구성을 시작할 수 있으므로)

칼럼-패밀리 저장 장치의 예시로는 Cassandra, HBase, 그리고 Amazon SimpleDB 등이 있다.

**그래프**

그래프(graph) 저장 장치는 상호 연결된 개체(entity)를 지속시키는 데 사용된다. 개체의 구조를 강조하는 다른 NoSQL 저장 장치와 달리 그래프 저장 장치는 개체 간의 관계를 저장하는 데 중점을 둔다(그림 7.14).

개체는 노드로 저장되며(클러스터 노드와 혼동하지 않도록 한다), 꼭짓점이라고도 한다. 개체 간의 연결은 에지(edge)로 저장된다. RDBMS 용어에서, 각 노드는 단일 행으로 간주될 수 있으며 에지는 조인을 나타낸다.

노드는 여러 에지를 통해 둘 이상의 링크 유형을 가질 수 있다. 각 노드는 키-값 쌍 속성

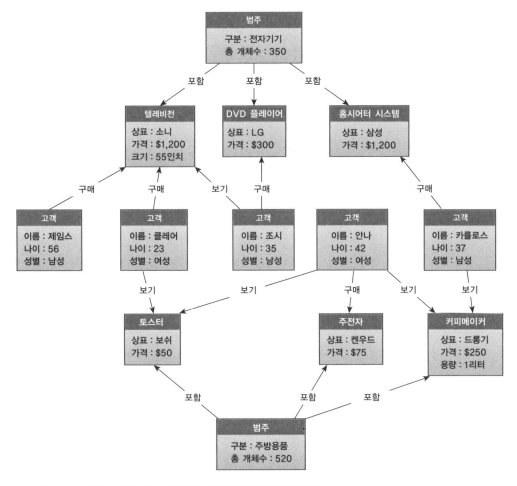

▲ **그림 7.14**  그래프 저장 장치는 개체와 개체 간의 관계를 저장한다.

의 데이터를 가질 수 있는데, 그림 7.14의 ID, 이름 및 연령 속성을 가진 고객 노드가 그 예시이다.

　각 에지는 고유한 키-값 쌍 형태의 데이터를 가질 수 있으며, 이 속성을 사용하여 쿼리 결과를 추가적으로 필터링할 수 있다. 에지가 여러 개인 것은, RDBMS에서 여러 개의 외래 키(foreign key)를 정의하는 것과 유사하다. 그러나 모든 노드가 동일한 에지를 가질 필요는 없다. 일반적으로 쿼리에는 노드 트랜스버설(node transversal)로 알려진, 노드 속성 혹은 에지 속성을 기반으로 상호 연결된 노드를 찾는 작업이 포함된다. 에지는 단방향 또는 양방향일 수 있으며, 노드 트랜스버설 방향을 설정한다. 그래프 저장 장치의 일관성은 보통 ACID 준수를 통해 제공된다.

　그래프 저장 장치의 유용성은 노드 간 정의된 에지의 수와 유형에 따라 달라진다. 에지의 수가 크거나 유형이 다양할수록 처리 가능한 쿼리 역시 다양해진다. 결과적으로, 노드 간에 존재하는 관계 유형의 포괄적인 이해가 중요하다. 이는 기존 사용 시나리오뿐만 아니라 데이터의 탐색적 분석에도 해당한다.

　그래프 저장 장치 사용은 다음과 같은 경우에 적합하다.

- 상호 연결된 개체를 저장할 필요가 있는 경우
- 개체의 속성이 아닌, 개체 간의 관계를 기반으로 개체 쿼리 작업을 진행해야 하는 경우
- 상호 연결된 개체들의 집합을 찾아야 하는 경우
- 노드 트랜스버설 거리를 사용하여 개체 간의 거리를 계산해야 하는 경우
- 패턴 탐색을 위한 데이터마이닝 기법을 사용하려는 경우

그래프 저장 장치 사용은 다음과 같은 경우에 부적합하다.

- 많은 수의 노드 또는 에지를 업데이트해야 하는 경우(각 노드와 에지의 검색이 필수적이므로 비용이 많이 든다.)
- 개체가 많은 수의 속성이나 네스티드 데이터를 가지고 있는 경우(가벼운 개체를 그래프 저장 장치에 저장하는 한편, 나머지 속성 데이터를 별도의 비그래프 NoSQL 저장 장치에 저장하는 것이 더 낫다.)
- 바이너리 저장소가 필요한 경우

- 작업하려는 쿼리가 노드 트랜스버설 쿼리를 지배하는 노드/에지 속성 선택에 기반한 경우

그래프 저장 장치의 예시로는 NeoJ4, Infinite Graph, 그리고 OrientDB가 있다.

## NewSQL 저장 장치

NoSQL 저장 장치는 읽기/쓰기 작업에 있어서 확장성, 가용성, 결함 포용성 및 신속성은 뛰어나지만, ACID 기준을 준수하는 RDBMS가 가지는 동일한 트랜잭션 및 일관성을 제공하지 않는다. BASE 모델과 같이, NoSQL 저장 장치는 즉각적 일관성보다는 궁극적 일관성을 제공한다. 따라서 NoSQL 저장 장치는 최종적 상태에 도달하기까지 소프트 상태(soft state)를 띠게 된다. 이런 이유로, 대규모 트랜잭션 시스템을 구현할 때엔 사용하기 적합하지 않다.

NewSQL 저장 장치는 RDBMS의 ACID 속성과 NoSQL 저장 장치가 제공하는 확장성과 결함 포용성을 모두 지니는데, 일반적으로 데이터 정의 및 데이터 정제 작업을 위해 SQL 호환 구문을 지원하며 데이터 저장을 위해 논리적 관계형 데이터 모델을 사용한다.

NewSQL 데이터베이스는 거래량이 매우 많은 OLTP 시스템(예: 은행 시스템)을 개발하는 데 사용할 수 있다. 일부 구현은 인메모리 저장을 활용하므로 운영 분석과 같은 실시간 분석에도 사용할 수 있다. NoSQL과 비교할 때, NewSQL 저장 장치는 SQL 지원을 통해 전통적인 RDBMS에서 확장성이 뛰어난 데이터베이스로 쉽게 전환이 가능하다.

NewSQL 저장 장치의 예시로는 VoltDB, NuoDB, 그리고 InnoDB가 있다.

## 인메모리 저장 장치

이전 섹션까지 데이터 저장의 기본 수단으로 자주 언급되는 디스크 저장 장치의 다양한 유형을 소개했다면, 이 절은 고성능의 고급 데이터 저장을 위한 옵션을 제공하는 인메모리 저장 장치에 대해 소개하고자 한다.

인메모리 저장 장치는 빠른 데이터 접근을 제공하기 위한 저장 매체로서, 컴퓨터의 메인 메모리인 RAM을 사용한다. 하드 드라이브의 읽기/쓰기 속도가 증가했고, RAM 비용 감소로 인해 인메모리 데이터 저장 솔루션의 개발이 한결 수월해졌다.

메모리에 데이터를 저장하면, 디스크 I/O의 지연 시간과 메인 메모리와 하드 드라이브 간

의 데이터 전송 시간이 줄어들게 된다. 데이터 읽기/쓰기 대기 시간을 전반적으로 줄이면 데이터 처리가 훨씬 빨라진다. 한편으로, 인메모리 저장 장치를 호스팅하는 클러스터를 수평 확장하면 인메모리 저장 장치의 용량을 크게 늘릴 수 있다.

클러스터 기반 메모리는 빅데이터와 같은 대용량의 데이터를 저장할 수 있으며 온디스크 저장 장치와 비교할 때 상당히 빠른 속도로 접근할 수 있다. 이는 빅데이터 분석의 전체 실행 시간을 현저히 단축시켜 실시간 데이터 분석을 가능하게 한다.

그림 7.15는 메모리 내 저장 장치를 나타내는 기호를 보여준다.

그림 7.16에서 인메모리 저장 장치와 온디스크 저장 장치 간의 접근 시간을 비교하였다.
그림 상단의 인메모리 저장 장치에서 1MB의 데이터를 순차적으로 읽는 데 약 0.25ms가 소요될 때, 그림 하단의 온디스크 저장 장치는 동일한 양의 데이터를 접근하기 위해 약 20ms가 걸리는 것을 알 수 있다. 이는 인메모리 저장 장치에서 데이터를 읽는 것이 온디스크 저장 장치보다 약 80배 빠름을 보여준다. 참고로, 두 시나리오에서의 네트워크 데이터 전송 시간이 동일하다고 가정하여 읽기 시간에서 제외하였다.

▲ **그림 7.15** 메모리 내 저장 장치를 나타내는 기호

인메모리 저장 장치는 디스크 대신 메모리에 저장된 데이터에 대해 쿼리를 실행하여 통계를 생성하는 등 데이터의 메모리 내 분석을 가능하게 한다. 인메모리 분석은 쿼리 및 알고리즘을 신속하게 실행하여 운영 분석 및 운영 BI를 구현한다.

무엇보다, 인메모리 저장은 실시간으로 용이하게 인사이트를 추출할 수 있는 저장 매체를

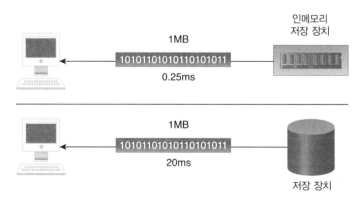

▲ **그림 7.16** 인메모리 저장 장치가 온디스크 저장 장치보다 데이터 전송에 있어서 80배 빠르다.

제공한다. 이를 통해 빅데이터 환경에서 빠르게 유입(속도 특성)되는 데이터도 이해할 수 있게 한다. 이는 사업상의 위협을 완화하거나 갑자기 등장한 사업 기회를 활용하기 위한 신속한 비즈니스 의사결정을 지원한다.

클러스터를 활용하여 구현된 빅데이터 인메모리 저장 장치는 높은 가용성과 이중화를 제공한다. 따라서 더 많은 노드 또는 메모리를 추가하는 것만으로 수평적 확장을 이룰 수 있다. 그러나 인메모리 저장 장치는 온디스크 저장 장치와 비교할 때 메모리 사용이 높기 때문에 비용이 크다.

64 비트 컴퓨터는 16 엑사바이트의 메모리를 사용할 수 있지만, 메모리 베이(bay)의 수와 같은 컴퓨터의 물리적 제한으로 인해 설치된 메모리는 상당히 적다. 수평적 확장을 위해서는 더 많은 메모리를 추가하는 것뿐만 아니라, 노드당 메모리가 한도에 도달할 때마다 필요한 노드를 추가해야 한다. 따라서 데이터 저장 비용이 증가한다.

인메모리 저장 장치는 내구성 있는 데이터 저장을 지원하지 않는다. 데이터 저장 비용으로 인해, 인메모리 저장 장치는 필연적으로 온디스크 저장 장치에 비해 달성 가능한 용량이 낮을 수밖에 없다. 결과적으로 가장 최신 데이터 혹은 가장 가치 있는 데이터만 메모리에 보관되고, 오래된 데이터는 최신 데이터로 대체된다.

구현 방법에 따라 인메모리 저장 장치는 스키마 없는 저장 또는 스키마 인식 저장을 지원한다. 스키마가 없는 경우 키-값 쌍 기반 데이터를 통해 지속성이 지원된다.

인메모리 저장 장치의 사용은 다음과 같은 경우에 적합하다.

- 데이터가 빠른 속도로 도착하고, 실시간 분석 혹은 이벤트 스트림 처리가 필요한 경우
- 운영 BI 및 운영 분석과 같은 지속적인, 혹은 상시적인 분석이 필요한 경우
- what-if 분석, 드릴다운 작업을 포함한 대화형 쿼리 처리 및 실시간 데이터 시각화가 수행되어야 하는 경우
- 동일한 데이터 집합을 활용한 데이터 처리 작업이 여러 개인 경우
- 알고리즘 변경 시, 동일한 데이터 세트를 디스크로부터 다시 불러들이지 않고 데이터 탐색 및 분석을 수행하려는 경우
- 데이터 처리에 그래프 기반 알고리즘과 같은 데이터 집합에 대한 반복 접근이 포함되는 경우

- ACID 트랜잭션 지원 등을 통해 대기 시간이 짧은 빅데이터 솔루션을 개발하려는 경우

인메모리 저장 장치의 사용은 다음과 같은 경우에 부적합하다.

- 일괄 처리로 구성된 데이터 처리의 경우
- 심층적 데이터 분석 등을 위해 매우 방대한 양의 데이터를 메모리에 오래 보관해야 하는 경우
- 대용량 데이터 접근, 일괄 처리가 요구되는 전략적 BI 또는 전략적 분석 수행의 경우
- 데이터 세트가 매우 크고 사용 가능한 메모리에 저장되지 않는 경우
- 인메모리 저장 장치를 통합하는 등의 빅데이터 분석을 수행할 경우(추가적인 기술과 복잡한 설정이 요구된다.)
- 노드 교체나 RAM 추가 등에 투입될 기업의 예산이 제한되어 있는 경우(메모리가 부족한 저장 장치는 노드 업그레이드가 요구된다.)

인메모리 저장 장치의 예시는 다음과 같다.

- 인메모리 데이터 그리드(In-Memory Data Grid, IMDG)
- 인메모리 데이터베이스(In-Memory Database, IMDB)

## 인메모리 데이터 그리드

인메모리 데이터 그리드(IMDG)는 여러 노드의 정보를 키-값 쌍 형태의 데이터로 메모리에 저장하는데, 이때 키와 값은 일련화된 형태의 비즈니스 객체 또는 응용 프로그램 데이터가 될 수 있다. 이는 반정형/비정형 데이터의 저장을 통해 스키마 없이도 데이터 저장을 지원하게 한다. 일반적인 데이터 접근은 API를 통해 제공된다. 그림 7.17에 IMDG를 묘사할 때 사용되는 기호를 소개하였다.

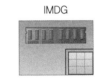

IMDG

▲ **그림 7.17** IMDG 묘사 기호

그림 7.18은 다음과 같은 내용을 보여준다.

- 가장 먼저 직렬화 엔진(serialization engine)을 사용하여 이미지 (a), XML 데이터 (b) 및 고객 객체 (c)를 직렬화한다.

- 그 후, 직렬화된 (a), (b), (c)를 IMDG에 키-값 쌍 형태로 저장한다.
- 클라이언트가 키를 사용하여 고객 객체를 요청한다.
- IMDG가 직렬화된 값을 리턴한다.
- 클라이언트가 직렬화 엔진을 사용, 값을 역직렬화(deserialize)하여 앞으로 활용할 고객 객체를 얻는다.

IMDG는 노드의 지속적인 동기화를 통해 높은 가용성, 결함 포용성 및 일관성을 제공한다. NoSQL의 접근 방식이 궁극적 일관성을 가진다면, IMDG는 비교적 즉각적인 일관성을 지원한다고 볼 수 있다.

관계형 IMDB와 비교할 때, IMDG는 비관계형 데이터를 객체로 저장하므로 보다 빠른 데이터 접근이 가능하다. 따라서 관계형 IMDB와 달리 IMDG에서는 객체 관계 매핑(object-to-relational mapping, ORM)이 필요하지 않으며, 클라이언트는 도메인 특정 객체를 활용해 직접 작업할 수 있다.

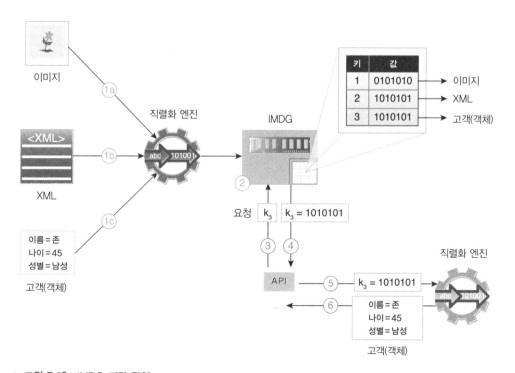

▲ 그림 7.18 IMDG 저장 장치

IMDG는 데이터 분할 및 복제를 통해 수평적으로 확장되며, 적어도 하나의 추가 노드에 데이터를 복제하여 안정성을 더한다. 시스템 장애가 발생하면, IMDG는 복구 프로세스의 일부로, 손실된 데이터를 복제본으로부터 자동으로 다시 작성한다.

IMDG는 발행–구독 메시징(publish-subscribe messaging) 모델을 통해 복잡 이벤트 처리 (Complex Event Processing, CEP)를 지원하므로 실시간 분석에 많이 사용된다. 이는 활성 쿼리라고도 하는 연속 쿼리(continuous querying)라는 기능을 통해 이루어지며, 이때 해당 이벤트에 대한 필터가 IMDG에 등록된다. 그 후 IMDG는 해당 필터를 지속적으로 평가하고, 삽입/업데이트/삭제 작업의 결과가 충족될 때마다 클라이언트에 알린다(그림 7.19). 이때, 변경 이벤트(예 : 추가, 제거 및 업데이트)와 키–값 쌍에 대한 정보(예 : 이전 값과 새 값)가 알림 모듈을 통해 비동기적으로 전송된다.

기능적 관점에서 볼 때, IMDG는 분산 캐시(distributed cache)와 유사하다. 둘 다 자주 액

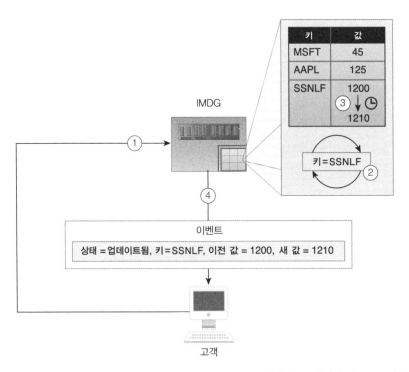

▲ **그림 7.19** IMDG가 키-값 쌍 형태로 주식 기호-주가 정보를 저장한다. 클라이언트는 IMDG(2)에 등록된 연속 쿼리(key=SSNLF)(1)를 보내면, SSNLF라는 키를 가진 주식의 주가가 변경되고(3), 업데이트된 이벤트에 관하여 다양한 세부 정보가 클라이언트에게 전송된다(4).

세스하는 데이터에 대한 메모리 기반 접근을 제공하기 때문이다. 그러나 분산 캐시와 달리 IMDG는 복제 및 고가용성에 대한 지원 기능을 내장하고 있다.

실시간 처리 엔진(realtime processing)은 IMDG가 빠른 속도로 생성되는 데이터를 받아 처리한 후 온디스크 저장 장치에 저장하거나, 온디스크 저장 장치의 데이터가 IMDG로 복사되는 과정을 활용한다. 따라서 데이터 처리 속도가 훨씬 빨라지고, 동일한 데이터에 대해 여러 종류의 작업을 실행하거나 반복하는 경우 데이터 재사용이 가능해진다. IMDG는 또한 온디스크 맵리듀스 처리의 대기 시간을 줄이는 데 도움이 되는 인메모리 맵리듀스를 지원한다. 특히, 동일한 작업을 여러 번 실행해야 하는 경우에 유용하다.

일부 IMDG에 한해서 제한적이거나 완전한 SQL 지원을 제공할 수도 있다는 것을 알아두자.

IMDG의 예시로는 In-Memory Data Fabric, Hazelcast, Oracle Coherence 등이 있다.

빅데이터 솔루션 환경에서 IMDG는 종종 백엔드 저장소(backend storage) 역할을 하는 온디스크 저장 장치와 함께 배포되는데, 다음과 같이 필요에 따라 결합할 수 있는 접근 방식을 통해 읽기/쓰기 성능, 일관성 및 단순성 요구사항을 지원한다.

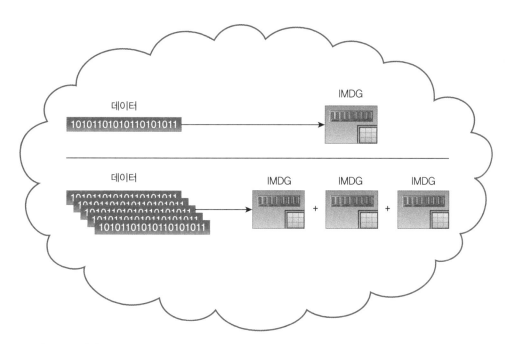

▲ **그림 7.20** 데이터 저장 요구의 증가에 따라 클라우드에 배포된 IMDG가 자동으로 확장되는 과정

- read-through 접근법
- write-through 접근법
- write-behind 접근법
- refresh-ahead 접근법

### read-through 접근법

요청된 키 값이 IMDG에서 발견되지 않으면 데이터베이스와 같은 백엔드 디스크 저장 장치에서 동기적으로 불러들인다. 이때 백엔드 디스크 저장 장치에서 성공적으로 불러들인 키-값 쌍이 IMDG에 삽입되고, 클라이언트에게 요청된 값이 리턴된다. 이후 동일한 키에 대한 모든 요청은 백엔드 저장 장치를 대신하여 IMDG가 직접 제공한다. 이는 매우 단순한 접근법처럼 보이지만, 앞서 설명한 동기적 성질 때문에 읽기 대기 시간의 초과를 초래할 수 있다. 그림 7.21은 클라이언트 A가 IMDG에 존재하지 않는 키 $K_3(1)$를 불러들이려고 하는 read-through 접근법의 예시를 보여준다. 결과적으로 키 $K_3$는 백엔드 저장 장치(2)에서 읽히고, 클라이언트 A(4)로 전송되기 전에 IMDG(3)에 삽입된다. 이후 클라이언트 B가 동일한 키를 요청할 때, IMDG가 직접 키 값을 제공하게 된다.

### write-through 접근법

IMDG에 대한 쓰기 기능(삽입/업데이트/삭제)은 트랜잭션 방식을 통해 후단부 디스크 저장 장치(예 : 데이터베이스)에 동기적으로 기록된다. 백엔드 디스크 저장 장치에 대한 쓰기가 실패하면, IMDG의 업데이트가 롤백된다. 이러한 트랜잭션상의 특성으로 인해 두 데이터 저장 장치 간의 데이터 일관성이 즉시 달성되게 된다. 그러나 트랜잭션 지원은 쓰기 대기 시간을 희생하여 제공되는데, 이는 백엔드 저장 장치에서 피드백(쓰기 성공/실패)이 수신된 경우에만 쓰기 작업이 완료된 것으로 간주되기 때문이다(그림 7.22).

### write-behind 접근법

IMDG에 대한 모든 쓰기는 데이터베이스와 같은 후단부 디스크 저장 장치에 일괄 처리(batch processing)를 통해 비동기적으로 기록된다.

대기열은 일반적으로 IMDG와 백엔드 저장 장치 사이에 배치되어, 백엔드 저장 장치에 필요한 변경 사항을 추적한다. 이 대기열을 구성할 때에는 다른 간격으로 백엔드 저장 장치에 데이터를 쓰도록 할 수 있다.

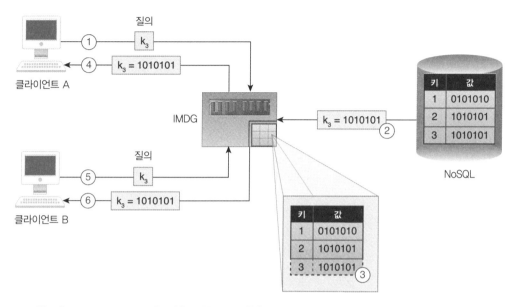

▲ **그림 7.21** read-through 접근법을 통한 IMDG 활용법의 예시

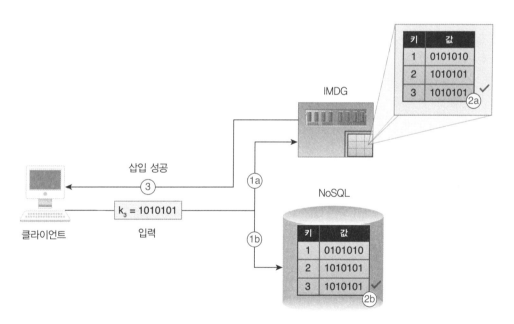

▲ **그림 7.22** 클라이언트가 (K₃, V₃)라는 새로운 키-값 쌍을 삽입한다. 이때 키-값 쌍은 IMDG(1a)와 백엔드 저장 장치(1b) 모두에 트랜잭션 방식으로 삽입된다. IMDG(2a) 및 백엔드 저장 장치(2b)에 데이터가 성공적으로 삽입되면, IMDG는데이터가 성공적으로 삽입되었음을 클라이언트에게 알린다(3).

이러한 비동기적 성질은 일반적으로 쓰기 성능(쓰기 작업이 IMDG에 기록하자마자 완료된다고 가정)과 읽기 성능(IMDG에 기록되자마자 IMDG에서 데이터를 읽을 수 있다고 가정), 그리고 확장성/가용성을 향상시킨다.

그러나 비동기적인 특성으로 인해 백엔드 저장 장치가 지정된 간격으로 업데이트될 때까지 일정한 불일치가 발생한다.

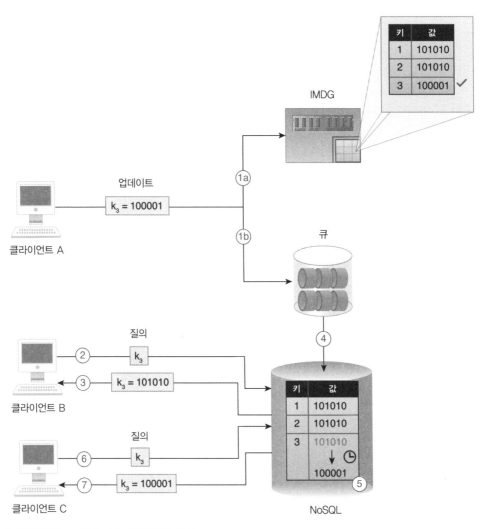

▲ **그림 7.23** write-behind 접근법의 예시

그림 7.23는 다음을 보여준다.

1. 클라이언트 A가 K₃을 업데이트하고, 이 정보는 IMDG(a)에 반영되며, 곧 대기열(b)로 보내진다.
2. 그런데 백엔드 저장 장치가 업데이트되기 전에 클라이언트 B가 동일한 키를 요청한다.
3. 이전 값이 전송된다.
4. 일정한 구성 간격 후에
5. 백엔드 저장 장치의 값이 궁극적으로 업데이트된다.
6. 클라이언트 C가 동일한 키를 요청한다.
7. 이번에는 업데이트된 값이 전송된다.

### refresh-ahead 접근법

refresh-ahead 접근법은 사전 대응 방식으로, IMDG가 정한 만료 시간 전에 값을 불러들일 경우 그 값이 IMDG상에서 자동적·비동기적으로 새로 고쳐지는 방식을 뜻한다. 만료 시간 이후에 값을 불러들이는 경우, refresh-ahead 접근법은 read-through 접근법과 마찬가지로 백엔드 저장 장치로부터 값을 동기적으로 불러들인 후 IMDG상에서 업데이트하여 클라이언트에게 반환된다.

refresh-ahead 접근법은 그 특성이 비동기적이고 미래 지향적이므로 읽기 성능을 향상시키는 데 도움이 되며, 동일한 값에 자주 접근하거나 많은 클라이언트가 한꺼번에 접근을 시도할 때 특히 유용하다.

IMDG로부터 만료 시점까지 값이 제공되는 read-through 접근법과 비교하면, refresh-ahead 접근법은 만료 기간 전에 값을 새로 고쳐 쓰므로 IMDG와 백엔드 저장 장치 간의 데이터 불일치를 최소화한다.

그림 7.24는 다음을 보여준다.

1. 클라이언트 A가 만료 시간 전에 K₃을 요청한다.
2. 현재의 값이 IMDG에서 반환된다.
3. 값이 백엔드 저장 장치에서 새로 고쳐진다.
4. 값이 IMDG에서 비동기적으로 업데이트된다.

5. 확인된 만료 시간 후, 해당 키-값 쌍이 IMDG에서 제거된다.

6. 이제 클라이언트 B가 K₃을 요청한다.

7. IMDG에 키가 존재하지 않으므로, 백엔드 저장 장치로 정보가 동기적으로 요청되고

8. 업데이트된다.

9. 그 후 값이 클라이언트 B에게 리턴된다.

IMDG 저장 장치의 사용은 다음과 같은 경우에 적합하다.

- 최소한의 대기 시간 안에 데이터를 객체 형태로 쉽게 접근해야 할 경우
- 저장된 데이터가 본질적으로 반정형/비정형 데이터와 같이 관계성을 가지지 않을 경우
- 온디스크 저장 장치를 사용하고 있는 기존의 빅데이터 솔루션에 실시간 지원을 추가하고자 할 경우
- 관계형 저장 장치의 확보보다 확장성이 더 중요한 경우 : IMDG는 IMDB보다 확장성이 뛰어나지만(IMDB는 기능적으로 완전한 데이터베이스), 관계형 저장 장치를 지원하

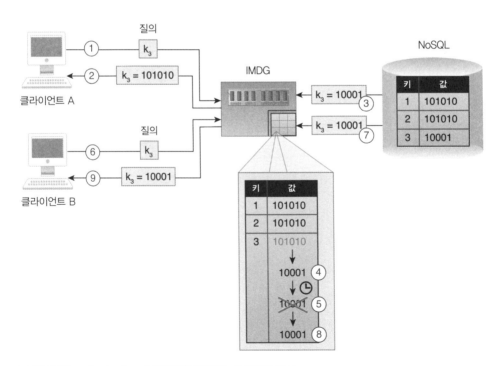

▲ **그림 7.24** refresh-ahead 접근법을 활용하는 IMDG의 예시

지 않는다.

IMDG 저장 장치의 예로는 Hazelcast, Infinispan, Pivotal GemFire, 그리고 Gigaspaces XAP 등이 있다.

### 인메모리 데이터베이스

IMDB

인메모리 데이터베이스(IMDB)는 데이터베이스 기술과 RAM 성능을 활용하여 런타임 시간 문제를 극복할 수 있는 인메모리 저장 장치이다. 그림 7.25에는 IMDB를 표현하는 기호를 표시하였다.

▲ **그림 7.25** IMDB를 표현하는 기호

그림 7.26은 다음을 보여준다.

1. 관계형 데이터 세트가 IMDB에 저장된다.
2. 클라이언트가 SQL을 사용하여 고객 레코드(ID=2)를 요청한다.
3. 해당 고객 레코드가 IMDB에 의해 반환되고, (역직렬화를 필요로 하지 않는 경우) 클라이언트에 의해 직접 조작된다.

IMDB는 구조화된 데이터를 저장할 때에는 관계형 IMDB가 된다. 반정형/비정형 데이터를 저장할 시에는 NoSQL 기술(비관계형 IMDB)을 활용할 수도 있다.

일반적으로 API를 통한 데이터 접근을 제공하는 IMDG와는 달리, 관계형 IMDB는 SQL 언어를 사용한다.

NoSQL 기반 IMDB는 일반적으로 매우 간단한 API 기반 접근을 제공한다. 기본적인 구현에 따라 일부 IMDB는 수평적 확장성을, 다른 IMDB는 수직적 확장성을 가진다.

모든 IMDB 구현이 직접적으로 내구성을 지원하는 것은 아니지만, 기계 고장이나 메모리 손상에 대비하여 다음과 같은 다양한 전략을 활용한다.

* 영구적으로 데이터를 저장하기 위하여 비휘발성 RAM(Non-Volatile RAM, NVRAM) 사용
* 데이터베이스 트랜잭션 로그를 주기적으로 비휘발성 매체(예: 디스크)에 저장
* 특정 시점에서 데이터베이스 상태를 캡처하는 스냅샷 파일을 디스크에 저장

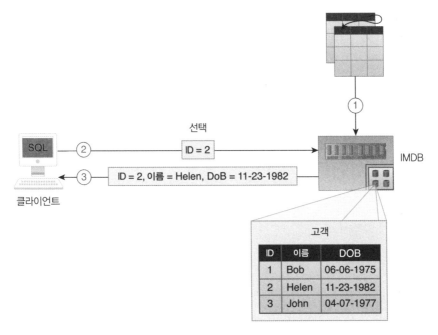

▲ **그림 7.26** IMDB로부터의 데이터 추출 예시

- 샤딩 및 복제를 활용, 내구성을 대체할 수 있는 가용성 및 안정성을 지원
- NoSQL 데이터베이스 및 RDBMS와 같은 온디스크 저장 장치를 함께 사용하여 영구 저장 장치로 활용

IMDG와 마찬가지로, IMDB는 해당 데이터에 대한 쿼리 형식의 필터를 IMDB에 등록하는 연속 쿼리 기능이 지원 가능하다. 필터 등록 후에 IMDB는 쿼리를 반복적으로 실행한다. 삽입/업데이트/삭제 작업 등으로 인해 쿼리 결과가 수정될 때마다 추가, 업데이트, 삭제라 명명된 이벤트 변경 내용과 함께 이전 값, 새 값과 같은 레코드 변경 값에 대한 정보가 클라이언트에게 비동기적으로 알려진다.

그림 7.27은 IMDB를 통해 다양한 센서의 온도 값을 저장하는 경우의 예시를 보여준다. 특히 다음과 같은 단계를 표현하였다.

1. 클라이언트가 연속 쿼리를 보낸다(온도>75인 센서에서 *를 선택).
2. IMDB에 연속 쿼리가 등록된다.

3. 센서의 온도가 75°F를 초과한다.

4. 갱신된 이벤트에 대한 다양한 세부 정보가 클라이언트에 송신된다.

IMDB는 실시간 분석에 많이 사용되며, 전체 ACID 트랜잭션 지원(관계형 IMDB)이 필요한 대기 시간이 짧은 응용 프로그램을 개발하는 데 사용할 수 있다. IMDG와 비교했을 때 IMDB는 일반적으로 후단부 온디스크 저장 장치를 필요로 하지 않기 때문에 인메모리 데이터 저장 옵션을 쉽게 설정할 수 있다.

기존의 빅데이터 솔루션에 IMDB를 도입하려면, RDBMS를 포함한 기존의 온디스크 저장 장치를 교체해야 한다. RDBMS를 관계형 IMDB로 대체하는 경우, 관계형 IMDB가 SQL을 지원하므로 응용 프로그램의 코드를 거의 혹은 전혀 변경하지 않아도 된다. 그러나 RDBMS를 NoSQL IMDB로 대체할 때에는 IMDB의 NoSQL API를 구현해야만 하므로 코드 변경이 요구될 수 있다.

관계형 IMDB는 클러스터 전체에서 분산 쿼리 및 트랜잭션을 지원해야 하기 때문에 일반적으로 IMDG보다 확장성이 떨어진다. 그러나 일부 IMDB 구현은 수평 확장에서 이점을 얻을 수 있다. 수평적 확장 환경에서 쿼리 및 트랜잭션을 실행할 때 발생하는 대기 시간 문제를

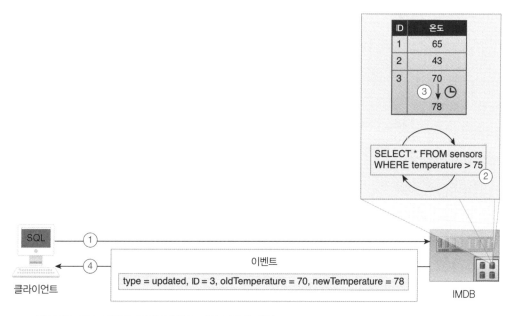

▲ **그림 7.27**  연속 쿼리로 구성된 IMDB 저장 장치의 예시

해결하는 데 도움이 되기 때문이다.

IMBD의 예로는 Aerospike, MemSQL, Altibase HDB, eXtreme DB, 그리고 Pivotal GemFire가 있다.

IMBD 저장 장치의 사용은 다음과 같은 경우 적합하다.

- 관계형 데이터를 ACID 지원을 통해 메모리에 저장해야 하는 경우
- 온디스크 저장 장치를 사용하는 기본 빅데이터 솔루션에 실시간 지원을 추가하는 경우
- 기존의 온디스크 저장 장치를 동등한 수준의 인메모리 저장 장치로 대체하려는 경우
- 응용 프로그램 코드의 데이터 접근 계층에 대한 변경을 최소화해야 하는 경우 (예 : 응용 프로그램을 SQL 기반 데이터 접근 계층으로 구성할 때)
- 관계형 데이터 저장이 확장성의 확보보다 중요하다고 판단되었을 경우

**사례연구**

ETI의 IT팀이 제1장에서 식별된 데이터 세트의 범위를 저장하기 위해 다양한 빅데이터 저장 기술을 평가 중이다. 데이터 처리 전략에 따라 팀은 데이터를 일괄 처리 및 통합할 수 있도록 온디스크 저장 기술의 하나인 인메모리 저장 장치를 도입하여 실시간 데이터 처리를 지원하기로 결정한다. 팀은 분산 파일 시스템과 NoSQL 데이터베이스의 조합을 활용하여 ETI 부서 내외에서 수집 및 처리된 데이터 세트를 저장해야 한다고 밝혔다.

웹 서버 로그 파일은 줄 단위 텍스트를 하나의 레코드로 표현한다. 이를 스트리밍 방식으로 처리할 때 텍스트 집합은 하둡의 분산 파일 시스템(HDFS)에 저장된다(이때 특정 레코드에 대한 임의적 접근 없이 모든 레코드가 순서대로 처리된다고 가정하자).

사건 사진들은 큰 저장 공간을 요구하며, 현재 순간에 해당하는 ID를 가진 BLOB로 관계형 데이터베이스에 저장된다. 이러한 사진은 바이너리 데이터이고, 사건ID를 통해 접근해야 하므로 IT팀은 키-값 쌍 형태의 데이터베이스를 대신 사용할 수 있다고 판단했다. 이것은 사건 사진을 저장하는 저렴한 방법을 제공하고 관계형 데이터베이스의 공간을 확보할 것이다.

다음과 같은 계층적 데이터를 저장하기 위해 NoSQL 문서 데이터베이스가 사용된다.

- 트위터 데이터(JSON)
- 날씨 데이터(XML)
- 콜센터 에이전트 노트(XML)
- 손해사정사 노트(XML)
- 건강 기록(XML의 HL7 준수 레코드)
- 이메일(XML)

자연적으로 묶인 필드의 집합이 존재하고, 관련 필드가 함께 접근되면 데이터는 NoSQL 칼럼-패밀리 데이터베이스에 저장된다. 예를 들어, 고객 프로필 데이터는 고객의 개인 정보, 주소 및 관심 분야 등 각자가 여러 필드의 조합인 최신 정책 필드로 구성되어 있다. 반면, 처리된 데이터는 여러 분석 쿼리에 대응하여 개별 필드에 액세스할 수 있는 테이블 형식이어야 하므로, 처리된 트윗 및 기상 데이터를 칼럼-패밀리 데이터베이스 형태로 저장할 수도 있다.

제8장

# 빅데이터 분석 기법

- 정량적 분석
- 정성적 분석
- 데이터마이닝
- 통계적 분석
- 기계 학습
- 의미 분석
- 시각화 분석

BIG DATA
FUNDAMENTALS

빅데이터 분석은 전통적인 통계적 분석에 컴퓨팅적 분석을 결합한 분석 방법이다. 전체 데이터세트를 모집단으로 보고 이에 대한 통계적 표본을 추출하여 분석하는 것이 전통적인 일괄 처리 시나리오의 전형적인 조건이다. 그러나 빅데이터는 스트리밍 데이터 처리를 위해 일괄 처리를 실시간 처리로 변환해야 한다. 스트리밍 데이터를 사용하면 시간이 지남에 따라 데이터는 누적되고 시간 순서대로 정렬된다. 이 경우, 분석 결과의 유효 기간이 한정되어 있기 때문에 적시에 처리하는 것이 중요하다. 예를 들어, 고객의 현재 상황에 따른 상향 판매 기회 인식의 경우, 또는 장비 보호나 아이템 품질 보장을 위해 당장 개입해야 하는 장비 이상 탐지와 같은 경우, 그 타

> 2003년에 윌리엄 아그레스티(William Agresti)는 컴퓨팅 방법론으로의 전환을 인식하고 디스커버리 정보학(Discovery Informatics)이라는 새로운 컴퓨팅 분야를 창안했다. 이 분야에 대한 아그레스티의 견해는 다양한 구성을 포용한 것이었다. 다시 말해, 그는 디스커버리 정보학이 다음과 같은 분야들의 종합이라고 믿었다. 패턴 인식(데이터마이닝), 인공지능(기계 학습), 문서 및 텍스트 처리(의미 처리), 데이터베이스 관리와 정보 저장 및 검색. 데이터 분석에 대한 컴퓨팅 접근법의 중요성과 폭에 대한 아그레스티의 통찰은 그 당시 앞서간 것이었고, 그 문제에 대한 그의 관점은 시간이 지남에 따라 그리고 데이터 과학이라는 분야의 등장에 따라 강화되었다.

이밍과 분석 결과의 최신성이 필수적이다.

빅데이터와 같이 빠르게 움직이는 분야에는 항상 혁신의 기회가 있다. 이에 대한 예로 주어진 분석 문제에 대해 통계적 접근과 컴퓨팅적 접근을 가장 잘 혼합하는 방법을 들 수 있다. 통계적 기법은 일반적으로 탐색적 데이터 분석에 선호되며, 그 후에 데이터 세트의 통계적 연구에서 수집한 인사이트를 활용하는 컴퓨팅 기법을 적용할 수 있다. 일괄 처리에서 실시간 처리로의 전환은 실시간 기술로 컴퓨팅 효율이 우수한 알고리즘을 이용해야 하므로 다른 문제를 야기한다.

한 가지 과제는 분석 결과의 정확도와 알고리즘 실행 시간 사이의 균형점을 찾는 것이다. 대부분의 경우 근사치를 사용하는 것이 충분하고 또 경제적일 수 있다. 저장 장치 관점에서 RAM, SSD 및 하드 디스크 드라이브를 활용하는 다계층 스토리지 솔루션은 단기적 유연성과 실시간 분석 기능을 갖춘 오래가고 비용이 효율적인 저장 장치이다. 결국, 조직에서는 빅데이터 분석 엔진을 두 가지 속도로 운영하게 된다. 하나는 실시간으로 스트리밍 데이터를 처

▲ **그림 8.1** 데이터 분석을 나타내는 기호

리하는 것이고, 또 다른 하나는 누적된 데이터를 가지고 패턴 및 경향을 찾기 위한 분석을 일괄 처리하는 것이다(데이터 분석을 나타나는 데 사용되는 기호는 그림 8.1에 나와 있다).

이 장에서는 다음과 같은 기본 유형의 데이터 분석에 대해 설명한다.

- 정량적 분석
- 정성적 분석
- 데이터마이닝
- 통계적 분석

- 기계 학습
- 의미 분석
- 시각화 분석

## 정량적 분석

정량적 분석은 데이터에서 발견되는 패턴과 상관관계를 정량화하는 데 초점을 맞춘 분석 기법이다. 해당 기법은 통계적 방법을 기반으로 하여 데이터 세트에서 관측한 많은 값들을 분석한다. 만약 표본 크기가 크다면 표본에서의 결과를 전체 데이터 집합에 일반화해서 적용

▶ **그림 8.2** 본질적으로 정량적 분석은 수치 결과를 산출한다.

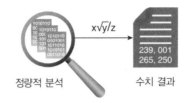

정량적 분석          수치 결과

할 수 있다. 그림 8.2는 정량 분석이 수치 결과를 산출한다는 사실을 보여준다.

정량 분석 결과는 본질적으로 절대적이므로 수치 비교에 사용될 수 있다. 예를 들어, 아이스크림 판매에 대한 정량적 분석을 실행한다면 기온이 5도 상승하면 아이스크림 판매량이 15% 증가함을 확인할 수 있다.

## 정성적 분석

정성적 분석은 다양한 데이터 품질을 설명하는 데 중점을 둔 서술적 분석 기법이다. 정량적 분석과 비교했을 때 정성적 분석에서는 더 작은 표본을 더 깊게 분석한다. 작은 표본을 분석한다는 점에서 정성적 분석은 전체 데이터 집합으로 일반화할 수 없다. 또한 수치로 측정하거나 수치 비교에 사용될 수 없다. 예를 들어, 아이스크림 판매에 대한 분석을 통해 5월 판매량이 6월만큼 높지 않음은 알 수 있으나 분석 결과를 통해서 그 정확한 수치 차이는 알지 못한다. 정

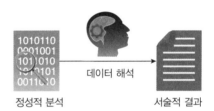

데이터 해석

정성적 분석          서술적 결과

▲ **그림 8.3**  정성적 분석 결과는 본질적으로 서술적이며으로 전체 데이터 세트로 일반화할 수 없다.

성적 분석 결과는 그림 8.3과 같이 단어를 사용한 관계 서술이라고 말할 수 있다.

## 데이터마이닝

데이터 디스커버리라고도 하는 데이터마이닝은 대규모 데이터 세트를 대상으로 하는 특수한 형태의 분석 기법이다. 빅데이터 분석과 관련하여 데이터마이닝은 일반적으로 대규모 데이터 세트에서 패턴과 경향을 찾아내는 자동화된 소프트웨어 기술을 의미한다.

구체적으로는 이전에 알려지지 않은 패턴을 식별할 의도로 데이터의 숨겨진 패턴 또는 알려지지 않은 패턴을 추출하는 작업이 포함된다. 데이터마이닝은 예측 분석 및 비즈니스 인텔리전스의 기반이 된다. 데이터마이닝을 나타내는 데 사용되는 기호가 그림 8.4에 나와 있다.

▲ **그림 8.4** 데이터마이닝을 나타내는 기호

## 통계적 분석

통계적 분석은 데이터를 분석하는 수단으로 통계를 사용한다. 통계적 분석은 대부분 양적 분석이지만 질적일 수도 있다. 이러한 유형의 분석은 일반적으로 데이터 세트와 관련된 통계의 평균, 중앙 값 또는 최빈 값을 제공하는 것과 같이 요약을 통해 데이터 세트를 설명하는 데 사용된다. 회귀 및 상관관계와 같은 데이터 내의 패턴과 관계를 추론하는 데도 사용할 수 있다.

이 절에서는 다음 유형의 통계 분석에 대해 설명한다.

- A/B 테스트
- 상관관계
- 회귀

### A/B 테스트

분할 테스트 혹은 버킷 테스트라고도 하는 A/B 테스트는 요소의 두 버전을 비교하여 어떤 버전이 더 우수한지 사전 정의된 측정 기준을 가지고 확인한다. 요소는 여러 가지일 수 있다. 예를 들어, 웹 페이지와 같은 컨텐츠 혹은 전자 거래에서의 아이템 또는 서비스일 수 있다. 요소의 현재 비진을 대조군, 수성된 버전을 실험군이라 한다. 두 가지 버전으로 실험을 하고, 이 결과를 통해 어떤 버전이 더 성공적인지 결정하게 된다. 거의 모든 영역에서 A/B 테스트를 실행할 수 있지만 마케팅에서 가장 많이 사용된다. 일반적으로 판매 증가를 목표로 인간의 행동을 측정하는 것이 마케팅의 목적이다. 예를 들어, A사의 웹 사이트에서 아이스크림 광고의 최상의 레이아웃을 결정하기 위해 두 가지 버전의 광고가 사용된다고 하자. 버전 A는 기존 광고(대조군)이며 버전 B는 레이아웃이 약간 변경되었다(실험군). 그리고 두 버전 모두 다른 사용자에게 노출된다.

- 그룹 A에게 버전 A
- 그룹 B에게 버전 B

결과를 분석한 결과 광고 버전 B가 버전 A에 비해 더 많은 매출을 올린 것으로 나타났다.

과학적 영역과 같이 다른 영역에서의 A/B 테스트의 목적은 프로세스 또는 아이템을 개선하기 위해 단순히 어떤 버전이 더 잘 작동하는지 관찰하는 것일 수 있다. 그림 8.5는 동시에 전송된 2개의 다른 이메일에 대한 A/B 테스트의 예시다.

A/B 테스트의 예시 질문에는 다음과 같은 것들이 있다.

- 신약이 이전의 약보다 더 낫습니까?
- 이메일과 우편으로 배달되는 광고 중에 어느 것에 고객이 더 잘 반응합니까?
- 웹 사이트의 새롭게 설계된 홈페이지가 더 많은 사용자 트래픽을 생성합니까?

## 상관관계 분석

상관관계 분석은 두 변수가 서로 관계가 있는지 판단하는 분석 기법이다. 만약 두 변수가 관련성이 있는 것으로 판명되면 다음 단계는 관계가 무엇인지 판단하는 것이다. 예를 들어, 변수 B의 값이 증가할 때마다 변수 A의 값이 증가한다고 하자. 다음으로 궁금한 것은 변수 A와 변수 B가 얼마나 밀접하게 관련되어 있는지, 즉 변수 A의 증가와 관련하여 변수 B가 증가하는 정도가 될 것이다.

상관관계 분석을 사용하면 데이터 세트를 이해하고 현상을 설명하는 데 도움이 되는 관계를 찾을 수 있다. 따라서 상관관계 분석은 데이터 세트의 변수들 관계로부터 패턴과 이상치

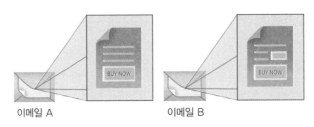

이메일 A          이메일 B

▲ **그림 8.5** 두 버전의 이메일이 마케팅 캠페인의 일환으로 동시에 전송되어 어떤 버전이 더 많은 잠재 고객을 유치하는지 확인한다.

를 식별하고자 할 때 흔히 사용된다. 이로부터 데이터 세트의 특성 혹은 현상의 원인을 찾아 낼 수 있다.

두 변수가 상관되는 것으로 간주되면 선형 관계에 따라 정렬된다. 다시 말해서, 하나의 변수가 변경되면 다른 변수도 비례하여 지속적으로 변경된다는 것이다. 상관관계는 상관계수로 알려진 -1에서 +1 사이의 10진수로 표시된다. 관계의 정도는 -1에서 0 또는 +1에서 0으로 이동할 때 강한 것으로부터 약한 것으로 바뀐다.

그림 8.6은 +1의 상관관계를 보여주며 두 변수 간에 강한 양의 상관관계가 있음을 나타낸다. 그림 8.7은 0의 상관관계를 보여주며 두 변수가 서로 전혀 관계가 없음을 나타낸다. 그림 8.8에서 -1의 기울기는 두 변수 사이에 강한 음의 상관관계가 있음을 나타낸다.

예를 들어, 관리자들은 아이스크림 가게가 더운 날에는 더 많은 아이스크림을 준비할 필

▶ **그림 8.6** 하나의 변수가 증가하면 다른 하나도 증가하고, 반대의 경우도 마찬가지다.

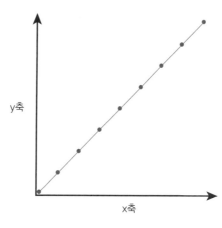

▶ **그림 8.7** 하나의 변수가 증가하면 다른 하나는 변하지 않거나 임의로 증가 혹은 감소한다.

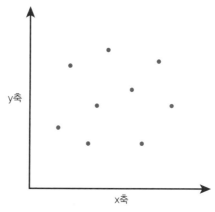

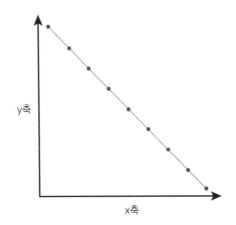

▲ **그림 8.8**  하나의 변수가 증가하면 다른 하나는 감소하고, 반대의 경우도 마찬가지다.

요가 있다고 생각하지만 얼마나 준비할지 알지 못한다. 분석가들은 온도와 아이스크림 판매량 간에 실제로 관계가 있는지를 확인하기 위해 먼저 판매된 아이스크림 수와 기록된 온도에 상관관계 분석을 적용한다. +0.75의 값은 둘 사이에 강력한 관계가 있음을 나타낸다. 이 관계는 온도가 증가함에 따라 더 많은 아이스크림이 판매됨을 의미한다.

상관관계 분석을 통해 다루어지는 예시 질문은 다음과 같은 것들이 있다.

- 바다로부터의 거리가 도시의 온도에 영향을 줍니까?
- 초등학교에서 잘하는 학생들은 고등학교에서 똑같이 잘합니까?
- 비만과 과식과의 연관성은 어느 정도입니까?

### 회귀 분석

회귀 분석 기법은 종속 변수가 데이터 세트 내의 독립 변수와 어떻게 관련되는지를 확인한다. 예를 들어, 회귀 분석은 온도(독립 변수)와 작물 수확량(종속 변수) 사이에 존재하는 관계의 유형을 결정하는 데 도움이 될 수 있다. 이 기법을 적용하면 독립 변수 값이 변할 때 종속 변수의 값이 어떻게 변하는지를 결정하는 데 도움이 된다. 예를 들어, 독립 변수가 증가하면 종속 변수도 증가하는가? 증가한다면 그 형태는 선형인가 혹은 비선형인가? 예를 들어, 각 아이스크림 가게가 가지고 있어야 하는 재고량을 결정하기 위해 분석가들은 온도 판독 값을 입력하여 회귀 분석을 적용한다고 하자. 일기예보의 기온은 독립 변수가 되고 아이스크림 판매량은 종속 변수가 된다. 분석가들은 회귀를 통해서 온도가 5도 상승할 때마다 15%의 추가 재고가 필요하다는 것을 알아냈다. 하나 이상의 독립 변수를 동시에 테스트할 수 있지만 이러한 경우에는 하나의 독립 변수만 변경될 수 있고 다른 변수는 일정하게 유지된다. 회귀 분석은 현상이 무엇이며 왜 발생했는지 더 잘 이해할 수 있도록 도와준다. 또한 종속 변수 값에 대한 예측을 수행하는 데 사용될 수도 있다. 선형 회귀는 그림 8.9와 같이 일정한 변화율을 나타낸다. 비선형 회귀는 그림 8.10과 같은 변화율을 나타낸다.

회귀 분석의 예시 질문에는 다음과 같은 것들이 있다.

• 바다에서 250마일 떨어진 도시의 온도는 어떻게 됩니까?

▶ **그림 8.9** 선형 회귀

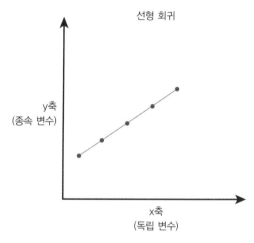

▶ **그림 8.10** 비선형 회귀

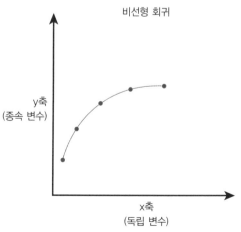

- 초등학교 성적에 따라 고등학교에서의 성적은 어떻게 됩니까?
- 음식 섭취량에 따라 사람이 비만이 될 확률은 어떻게 됩니까?

회귀 분석과 상관관계 분석 둘 다 단점이 있다. 상관관계 분석은 인과관계를 의미하지 않는다. 2개의 변수가 동시에 증가한다고 해서(상관관계 존재 — 역주) 한 변수가 다른 변수의 증가 원인(인과관계 존재 — 역주)이라고 할 수 없다. 이것은 교란 요인으로 알려진, 알려지지 않은 세 번째 변수로 인해 발생할 수 있다. 상관관계에서는 두 변수가 모두 독립적이라고 가정한다.

빅데이터 내에서 변수 간의 관계가 존재하는지를 발견하기 위해서는 대체로 먼저 계산이 단순한 상관관계 분석을 적용한다. 그런 다음 회귀 분석을 적용하여 관계를 더 자세히 탐색한다. 또한 독립 변수 값을 입력하여 종속 변수의 값을 예측할 수 있다.

## 기계 학습

인간은 데이터 내에서 패턴과 관계를 발견하는 데 능숙하다. 하지만 유감스럽게도 인간은 대용량 데이터는 빠르게 처리할 수 없다. 반면에 기계는 대용량 데이터를 신속하게 처리하는 데 매우 능숙하지만 이는 오직 방법을 알고 있는 경우에만 가능하다.

인간 지식이 기계의 처리 속도와 결합될 수 있다면 기계는 많은 인간 개입 없이도 많은 양의 데이터를 처리할 수 있을 것이다. 이것이 기계 학습의 기본 개념이다.

이 절에서는 다음과 같은 유형의 기계 학습 기법을 통해 기계 학습과 데이터마이닝과의 관계를 살펴본다.

- 분류
- 클러스터링
- 이상치 탐지
- 필터링

### 분류(지도 기계 학습)

분류는 데이터를 미리 학습되어 있는 범주들 가운데, 연관성이 있는 범주로 분류하는 지도 학습 기법이다. 분류는 다음 두 단계로 구성된다.

1. 시스템은 이미 분류된 훈련 데이터를 제공받아서 각 범주에 대한 이해를 도출한다.

2. 1번에서의 이해를 바탕으로 분류되어 있지 않은 데이터를 분류한다.

이 기술의 일반적인 활용으로 스팸 메일 분류를 생각해 볼 수 있다. 분류는 2개 혹은 그 이상의 카테고리에 대해 수행될 수 있다. 단순화된 분류 과정에서, 기계는 그림 8.11에서와 같이 분류 과정에 대한 이해를 돕기 위해 이미 분류된 데이터를 훈련 중에 제공받는다. 그런 다음 분류되지 않은 데이터가 기계에서 분류된다.

예를 들어, 은행은 대출 고객 중 지불 불이행 가능성이 높은 고객을 찾고자 한다. 이전 기록들을 기반으로 채무 불이행한 고객과 이행한 고객들이 훈련 데이터 세트로 기계를 학습시킨다. 이 훈련 데이터를 통해 '좋은' 고객과 '나쁜' 고객에 대한 분류 알고리즘이 개발된다. 마지막으로 아직 분류되지 않은 고객 데이터가 제공되었을 때, 주어진 고객들이 어떤 카테고리에 속하는지 파악한다.

분류의 예시 질문에는 다음과 같은 것들이 있다.

- 객의 과거 신청서 승인 혹은 거절 기록들로 미루어 보았을 때, 해당 신청자의 새로운 카드 신청서는 승인되어야 하는가, 거부되어야 하는가?
- 과일이나 채소의 알려진 예시들을 기반으로 할 때 토마토는 과일인가, 채소인가?
- 환자의 의료 검사 결과가 심장마비의 가능성을 나타내고 있는가?

**클러스터링(비지도 기계 학습)**

클러스터링은 데이터를 여러 그룹으로 나누어 각 클러스터의 데이터가 비슷한 속성을 갖도

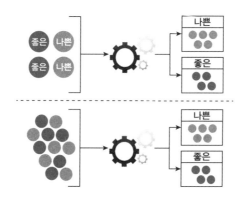

▲ **그림 8.11** 기계 학습은 데이터 세트를 자동적으로 분류할 때 사용될 수 있다.

록 하는 비지도 기계 학습 기법이다. 범주를 사전에 학습할 필요가 없으며 범주는 데이터 그룹을 기반으로 암시적으로 생성된다. 데이터가 클러스터링되는 방식은 사용된 알고리즘 유형에 따라 다르다. 각 알고리즘은 다른 기법을 사용하여 클러스터를 식별한다.

클러스터링은 일반적으로 데이터마이닝에서 주어진 데이터 세트의 속성을 이해하는 데 사용된다. 이러한 속성을 이해한 뒤에, 분류를 사용하면 유사하지만 새롭거나 보이지 않는 데이터에 대해 더 나은 예측을 내릴 수 있다.

클러스터링은 유사한 특성을 가진 고객을 그룹으로 묶어 개인화된 마케팅 캠페인 혹은 대량의 문서들을 그룹화하는 데 적용할 수 있다. 그림 8.12에서는 클러스터링의 시각적 표현을 산점도로 보여준다.

예를 들어, 은행은 기존 고객에 대해 프로필을 기반으로 적당한 금융 상품을 소개하려고 한다고 하자. 분석가는 고객들을 여러 그룹으로 클러스터링하며, 각 그룹은 그룹의 특성에 가장 적합한 하나 이상의 금융 상품을 소개받게 된다.

클러스터링의 예시 질문에는 다음과 같은 것들이 있다.

- 나무들 사이의 유사성을 고려할 때 얼마나 많은 종의 나무가 존재하는가?
- 비슷한 구매 내역을 기반으로 몇 개의 고객 그룹이 존재하는가?
- 특성에 따라 바이러스들을 그룹으로 나누면 어떻게 되는가?

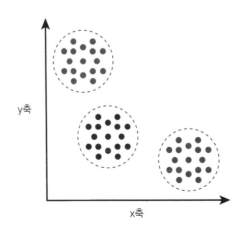

▲ **그림 8.12** 클러스터링의 결과를 요약해 주는 산점도

## 이상치 탐지

이상치 탐지는 주어진 데이터 세트 내의 나머지 데이터와 유의미하게 상이하거나 일치하지 않는 데이터를 찾는 기법이다. 이 기계 학습 기법은 이로운 기회 혹은 불리한 위기 등과 같은 비정상적 상황들을 식별할 때 사용된다.

이상치 탐지는 비정상적인 값을 찾는 데 초점을 맞추지만 분류 및 클러스터링과 밀접한 관련이 있다. 이상치 탐지는 상황에 따라 지도 혹은 비지도 기계학습 기법을 기반으로 이뤄진다. 이상치 탐지 기법을 활용하여 사기 탐지, 의료 진단, 네트워크 데이터 분석 및 센서 데이터 분석 등이 이뤄진다. 그림 8.13에서는 산점도를 통해서 이상치 데이터를 시각적으로 강조해서 보여주고 있다.

예를 들어, 거래의 사기성 여부를 확인하기 위해 은행의 IT팀에서 지도 기계 학습에 기반한 이상치 탐지 시스템을 구축한다고 하자. 이미 알려진 사기 거래 데이터가 제공되어 시스템을 학습시킨다. 이후 아직 사기 여부가 판별되지 않은 거래내역이 입력되면 시스템은 이상치 탐지 알고리즘을 통해 해당 거래의 사기 여부를 예측한다.

이상치 탐지 예시 질문에는 다음과 같은 것들이 있다.

- 해당 운동 선수가 운동 능력 향상 약물을 사용하는가?
- 분류 작업에 사용된 훈련 데이터 세트 중에서 잘못 식별된 청과물이 있는가?
- 약물에 반응하지 않는 특정 바이러스가 있는가?

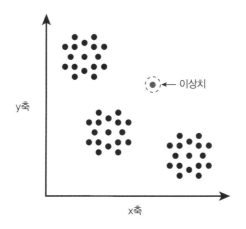

▲ **그림 8.13** 이상치를 강조해서 보여주는 산점도

## 필터링

필터링은 수많은 후보 아이템 가운데에서 자동적으로 관련 아이템을 찾는 기법이다. 아이템은 사용자 자신의 과거 행동을 기준으로 필터링되거나 여러 사용자의 과거 행동을 비교하여 필터링될 수 있다. 필터링은 일반적으로 다음 두 가지 방법을 통해 적용된다.

- 협업 필터링
- 내용 기반 필터링

필터링은 일반적으로 추천 시스템에서 활용된다. 협업 필터링은 과거 사용자의 행동과 다른 사용자들의 행동들을 결합하여 아이템을 필터링하는 기법이다. 해당 사용자의 좋아요, 평점, 구매 내역 등과 같은 과거 행동들과 유사 사용자들의 행동들을 결합하여, 해당 사용자가 좋아할 만한 아이템을 필터링해서 제공한다.

협업 필터링은 전적으로 사용자 행동 간의 유사성을 기반으로 하기 때문에 아이템을 정확하게 필터링하기 위해서는 많은 양의 사용자 행동 데이터가 필요하다. 이는 대수의 법칙이 적용되는 한 가지 예시이다.

내용 기반 필터링은 사용자와 아이템 간의 유사성에 초점을 둔 필터링 기법이다. 사용자 프로필은 해당 사용자의 과거 행동(예 : 좋아요, 평점 및 구매 내역)을 기반으로 만들어진다. 사용자 프로필과 아이템 속성 간의 관계가 유사한 아이템들이 사용자에게 필터링된다. 협업 필터링과 달리 내용 기반 필터링은 개별 사용자 선호도에 전적으로 의존하며 다른 사용자에 대한 데이터는 필요하지 않다.

추천 시스템은 사용자 선호도를 예측하고 이에 따라 사용자에게 제안을 한다. 제안은 일반적으로 영화, 서적, 웹 페이지 및 사람들과 같은 항목을 추천하는 것으로 이루어진다. 추천 시스템은 일반적으로 협업 필터링 또는 내용 기반 필터링을 사용하여 제안을 생성하나, 제안의 정확성과 효과를 세밀하게 조정하기 위해 협업 필터링과 내용 기반 필터링을 결합할 수도 있다.

예를 들어 교차 판매 기회를 찾아내기 위해 은행은 내용 기반 필터링을 사용하는 추천 시스템을 구축한다고 하자. 추천 시스템은 고객이 과거에 구매한 금융 상품과 유사한 속성을 가진 금융 상품을 찾아내어 잠재적으로 고객이 관심을 가질 만한 금융 상품을 제안한다.

필터링의 예시 질문에는 다음과 같은 것들이 있다.

- 어떻게 사용자가 관심을 갖는 뉴스 기사만 표시할 수 있는가?
- 휴가 여행자의 여행 기록을 근거로 추천할 수 있는 휴가 목적지는 어디인가?
- 어떤 사람의 프로필을 바탕으로 다른 새로운 사용자를 친구로 제안할 수 있는가?

## 의미 분석

텍스트 또는 음성의 일부는 문맥에 따라 다른 의미를 가지지만 문장 전체는 구조화되는 방식이 달라도 동일한 의미를 가진다. 기계가 텍스트와 음성 데이터에서 유의미한 정보를 추출하기 위해서는 인간과 같은 방식으로 이해해야 한다. 의미 분석은 텍스트 및 음성에서 의미 있는 정보를 추출하는 방법을 나타낸다.

이 절에서는 다음 유형의 의미 분석(Semantic Analysis)에 대해 설명한다.

- 자연어 처리
- 텍스트 분석
- 정서 분석

### 자연어 처리

자연어 처리는 사람의 말과 문자를 사람이 이해하는 것처럼 컴퓨터가 이해할 수 있게 하는 과정이다. 이를 통해 컴퓨터는 전체 텍스트 검색과 같은 다양한 유용한 작업을 수행할 수 있다.

예를 들어, 아이스크림 회사는 고객 관리의 질을 높이기 위해, 고객으로부터 걸려온 전화들을 텍스트 데이터로 변환한 다음 자연어 처리 기법을 사용하여, 일반적으로 고객이 만족하지 못하는 이유를 찾아낼 수 있다.

자연어 처리 규칙을 일일이 수작업으로 개발하는 대신 지도 기계 학습 혹은 비지도 기계 학습을 이용해서 컴퓨터가 자연어를 더 잘 이해할 수 있게 한다. 일반적으로 컴퓨터가 학습하는 훈련 데이터가 많을수록 사람의 텍스트와 음성을 더 정확하게 이해할 수 있다.

자연어 처리에는 텍스트 및 음성 인식 모두 포함된다. 음성을 인식하기 위해서 시스템은 음성 데이터를 발음 기호로 나타내는 등의 작업을 수행하여, 이를 이해하려고 한다.

자연어 처리의 예시 질문에는 다음과 같은 것들이 있다.

- 발신자가 구두로 지시한 올바른 부서 내선을 인식할 수 있는 자동 전화 시스템을 어떻게 개발할 수 있는가?
- 문법적인 실수는 어떻게 자동으로 식별할 수 있는가?
- 영어의 다른 악센트를 정확하게 이해할 수 있는 시스템을 어떻게 설계할 수 있는가?

## 텍스트 분석

비정형 텍스트는 일반적으로 정형 텍스트와 비교하여 분석하고 검색하는 것이 훨씬 더 어렵다. 텍스트 분석은 데이터마이닝, 기계 학습 및 자연어 처리 기술을 적용하여 비정형 텍스트에서 가치를 추출하는 분석이다. 텍스트 분석은 본질적으로 단순히 텍스트를 검색하는 것이 아니라 텍스트의 의미를 발견하는 기능을 제공한다.

텍스트 본문에 포함된 정보를 이해하도록 도와줌으로써 텍스트 기반 데이터로부터 유용한 인사이트를 얻을 수 있다. 앞의 자연어 처리 예시에서, 녹취된 대화를 텍스트로 변환한 후 텍스트 분석을 적용하면 고객 불만족의 이유에 대한 유의미한 정보를 추출할 수 있다.

텍스트 분석의 기본 원칙은 비정형 텍스트를 검색하고 분석할 수 있는 데이터로 변환하는 것이다. 디지털화된 문서, 이메일, 소셜 미디어 게시물 및 로그 파일의 양이 증가함에 따라 이러한 형태의 반정형 데이터 혹은 비정형 데이터에서 가치를 추출할 필요성이 커지고 있다. 정형 데이터만 분석하면 비즈니스에서 특히 고객 중심의 비용 절감 또는 비즈니스 확장 기회를 놓칠 수 있다.

텍스트 분석의 응용으로 문서 분류 및 검색은 물론 CRM 시스템에서 정보를 추출하여 고객에 대한 360도 관점을 구축하는 것도 생각할 수 있다.

텍스트 분석은 일반적으로 다음 두 단계로 이루어진다.

1. 추출할 문서 내의 텍스트 구문 파싱
   - 명명된 개체 — 사람, 그룹, 장소, 회사명(예 : 메시, 맨유, 해운대, 구글 등*)
   - 패턴 기반 개체 — 주민등록번호, 우편번호

---

* 이 예는 역자가 제시한 것이다.

▲ **그림 8.14**　개체는 의미 규칙을 사용하여 텍스트 파일로부터 추출되고 검색 가능하도록 구조화된다.

- 개념 — 개체의 추상 표현
- 사실 — 개체들 간의 관계

2. 추출된 개체 및 사실을 사용하여 문서를 분류

추출된 정보는 개체들 사이에 존재하는 관계 유형에 기초하여 상황에 맞는 개체를 검색하는 데 사용될 수 있다. 그림 8.14는 텍스트 분석의 단순화된 표현을 보여준다.

텍스트 분석의 예시 질문에는 다음이 포함될 수 있다.

- 웹 페이지의 내용을 기반으로 웹 사이트를 분류하려면 어떻게 해야 하는가?
- 공부하고 있는 주제와 관련된 내용을 담고 있는 책을 찾는 방법은 무엇인가?
- 회사 기밀 정보가 포함된 계약을 어떻게 식별할 수 있는가?

## 정서 분석

정서 분석은 개인의 편견이나 감정을 판단하는 데 초점을 둔 텍스트 분석의 특수한 형태이다. 자연어의 맥락에서 텍스트를 분석함으로써 텍스트 작성자의 태도를 결정하게 되는데 개인의 감정에 대한 정보뿐만 아니라 감정의 정도 또한 제공하고자 한다. 이런 정보는 의사결정 과정에 이용될 수 있다. 그 활용 방안으로 아이템에 대한 고객의 만족 혹은 불만족을 조기에 파악하여 아이템의 성공 또는 실패를 예측하거나 새로운 경향을 파악하는 것을 들 수 있다.

예를 들어, 아이스크림 회사는 아이들이 가장 좋아하는 아이스크림 맛을 알고 싶어 한다고 하자. 판매 데이터만으로는 이를 알 수 없다. 왜냐하면 아이스크림을 먹는 아이들이 아이스크림을 구매하지 않았을 수도 있기 때문이다. 대신 아이스크림 회사 웹 사이트에 보관된 고객 피드백에 정서 분석을 적용한다면 아이들이 가장 좋아하는 맛에 대한 정보를 추출할 수 있다.

정서 분석의 예시 질문에는 다음과 같은 것들이 있다.

- 아이템의 새로운 포장재에 대한 고객 반응을 어떻게 측정할 수 있는가?
- 어떤 참가자가 노래 경연 대회에서 우승할 것 같은가?
- 고객 이탈을 소셜 미디어에서의 댓글을 통해 측정할 수 있는가?

## 시각화 분석

시각화 분석은 시각적으로 인식을 가능하게 하거나 향상시키기 위해 데이터를 그림으로 표현하는 데이터 분석의 한 형태이다. 인간이 텍스트보다는 그림을 보고 더 빨리 이해하고 결론을 도출한다는 전제에 따라 시각화 분석은 빅데이터 분야에서 돋보기 역할을 한다.

시각화 분석의 목적은 데이터를 시각적으로 표현함으로써 데이터에 대한 더 깊은 이해를 가능하게 하는 것이다. 특히 데이터에 숨겨진 패턴, 상관관계 분석 및 예외를 식별하고 강조하는 데 도움이 된다. 시각화 분석은 또한 다른 각도에서 데이터를 살펴본다는 점에서 탐색적 데이터 분석과 직접적으로 관련이 있다.

이 장에서는 다음 유형의 시각화 분석에 대해 살펴본다.

- 히트맵
- 시계열 그래프
- 네트워크 그래프
- 공간 데이터 매핑

### 히트맵

히트맵은 패턴이나 데이터 구성을 표현하기 위해 부분-전체 관계와 데이터의 지리적 분포를 활용하는 효과적인 시각화 분석 기법이다. 히트맵을 이용하면 데이터 세트 내에서 관심 영역을 식별하고 데이터 세트 내의 극도로 높거나 낮은 부분을 찾을 수 있다.

예를 들어, 아이스크림 판매에 대한 최고 및 최저 판매 지역을 확인하기 위해 히트맵을 사용하여 아이스크림 판매 데이터를 기록한다고 하자. 녹색은 가장 실적이 좋은 지역을 표시하는 데 사용되며 빨간색은 실적이 좋지 않은 지역을 표시하는 데 사용된다.

히트맵은 데이터 값을 시각적으로 구분하여(색깔을 입혀서) 표현한 데이터 자체이다. 각 데이터는 유형 또는 범위에 따라 색상이 지정된다. 예를 들어, 적색에 0~3, 황색에 4~6, 녹색에 7~10의 값을 할당할 수 있다.

히트맵은 차트 또는 지도 형식일 수 있다. 차트는 그림 8.15와 같이 각 셀이 값에 따라 색으로 구분된 행렬을 의미한다. 또한 색으로 구분된 사각형을 사용하면 계층적으로 값들을 표현할 수도 있다.

그림 8.16에서 히트맵 지도는 특정 주제에 따라 다른 지역이 색 그리고 음영으로 구분되는 지리적 표현을 보여준다. 전체 영역을 채색하거나 음영 처리하는 대신, 지도에서는 다른 지역을 그 정도에 따라 각각 다르게 색칠/음영 처리함으로써 지역들의 계층적인 관계를 표현한다.

히트맵의 예시 질문에는 다음과 같은 것들이 있다.

- 전 세계 도시에서 탄소 배출량과 관련된 패턴을 시각적으로 어떻게 식별할 수 있는가?
- 다른 인종과 관련하여 암의 종류의 패턴이 어떻게 다른지 알 수 있는가?
- 축구 선수의 강점과 약점을 어떻게 분석할 수 있는가?

### 시계열 그래프

시계열 그래프를 사용하면 주기적으로 기록된 데이터를 분석할 수 있다. 이러한 유형의 분석은 일정 시간 간격으로 기록된 시계열 데이터를 사용한다. 시계열 데이터의 예로 매월 말

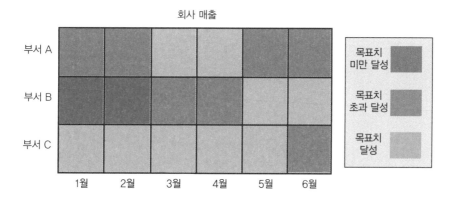

▲ **그림 8.15** 이 차트 히트맵은 6개월 동안 회사 내 부서의 매출을 나타낸다.

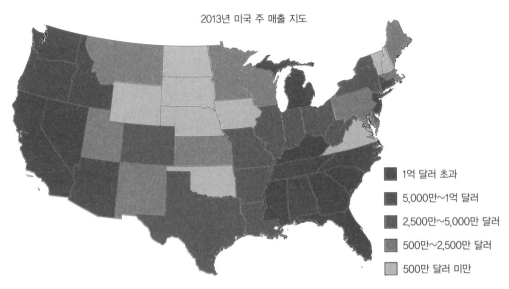

▲ **그림 8.16** 2013년 미국 주 매출 히트맵 지도

에 기록된 판매량을 들 수 있다.

시계열 분석은 시간에 따라 달라지는 데이터 내의 패턴을 밝혀내는 데 도움이 된다. 일단 패턴이 확인되면 미래 예측을 그래프를 확장해서 그릴 수 있다. 예를 들어, 계절별 아이스크림 판매 패턴을 확인하기 위해 월별 아이스크림 판매량을 시계열 그래프로 표시하면 더 나아가 다음 시즌의 판매량을 예측하는 데 도움을 줄 수 있다.

시계열 분석은 대개 장기 추세, 계절별 패턴 및 데이터 세트의 불규칙한 단기 변동을 식별하여 예측하는 데 사용된다. 다른 분석들과 다르게 시계열 분석은 항상 시간을 비교 변수로 포함하며 수집된 데이터는 항상 시간 의존적이다.

그림 8.17에 제시된 시계열 그래프는 7년에 걸쳐 그려져 있다. 매년 연말에 나타나는 봉우리는 연말의 크리스마스와 같은 시기의 판매량을 나타낸다. 점선으로 표시된 원은 단기적으로 나타난 불규칙 변이를 보여준다. 파란색 선은 매출 증가 상승 추세를 나타낸다.

시계열 그래프의 예시 질문에는 다음과 같은 것들이 있다.

● 농가는 과거 생산량 데이터를 토대로 수확물을 얼마나 기대할 수 있는가?
● 향후 5년간 인구 증가가 어떻게 될 것으로 예상되는가?

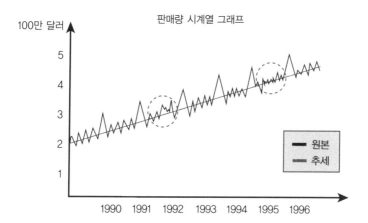

▲ **그림 8.17** 1990년부터 1996년까지의 판매량 시계열 그래프

- 현재 판매 감소가 일회성인가, 아니면 정기적으로 발생했던 것인가?

**네트워크 그래프**

시각화 분석의 맥락에서 네트워크 그래프는 상호 연결된 개체들의 집합을 나타낸다. 개체는 사람, 그룹 또는 아이템과 같은 비즈니스 영역 개체일 수 있다. 각 개체들은 직간접적으로 서로 연결될 수 있다. 일부 연결은 단방향일 수 있으므로 반대 방향으로는 순회할 수 없다.

네트워크 분석은 네트워크 내의 개체들 간의 관계를 분석하는 데 초점을 맞춘 기법이다. 각 개체를 그래프의 노드로, 개체들 간의 연결을 에지로 그려야 한다. 네트워크 분석에는 다음과 같은 특수한 변형이 있다.

- 경로 최적화
- 소셜 네트워크 분석
- 전염성 질병의 확산 예측

다음은 아이스크림 판매와 관련된 경로 최적화를 위해 네트워크 분석을 도입한 예시다.

일부 아이스크림 매장 관리자는 배달 트럭이 중앙 창고와 외진 지역의 상점 사이를 오가는 데 걸리는 시간에 불평하고 있다. 날씨가 더운 경우 중앙 창고에서 원격 매장으로 전달된 아이스크림이 녹아버리기 때문에 판매를 못 하게 되는 문제가 있다. 네트워크 분석은 중앙

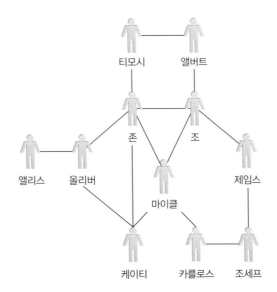

▲ **그림 8.18** 소셜 네트워크 그래프 예시

창고와 원격 저장소 간의 배달 시간을 최소화하는 최단 경로를 찾는 데 사용된다.

소셜 네트워크 분석의 간단한 예제로 그림 8.18의 소셜 네트워크 그래프를 참조하라.

- 존에게는 많은 친구가 있지만 앨리스에게는 친구가 하나뿐이다.
- 소셜 네트워크 분석의 결과에 따르면 앨리스는 올리버라는 공통 친구가 있기 때문에 존과 케이티와 친구가 될 가능성이 가장 높다.

네트워크 그래프에 대한 예시 질문은 다음과 같다.

- 수많은 사용자 가운데에서 영향력 있는 사람을 식별하려면 어떻게 해야 하는가?
- 두 개인이 먼 친척이라는 것을 족보를 통해 어떻게 확인할 것인가?
- 매우 많은 수의 단백질 간 상호작용들의 패턴을 어떻게 확인할 수 있는가?

### 공간 데이터 매핑

공간 또는 지형 공간 데이터는 개인적 개체들의 지리적 위치를 식별하고자 할 때 일반적으로 사용된다. 공간 데이터 분석은 개체 간의 다양한 지리적 관계와 패턴을 찾기 위해 위치 기반 데이터를 분석하는 데 초점을 맞춘다.

공간 데이터는 일반적으로 경도 및 위도 좌표를 사용하여 지도에 공간 데이터를 표시하는 지리정보시스템(GIS)을 통해 조작된다. GIS는 두 지점 사이의 거리를 측정하거나, 어떤 한 지점에서 일정 반경 기준으로 영역을 정의하는 등 공간 데이터의 양방향 탐색을 가능하게 한다. 센서나 소셜 미디어 데이터와 같은 위치 정보 기반 데이터가 늘어남에 따라, 위치 정보에 관한 인사이트를 얻기 위해 공간 데이터를 분석할 수 있다.

예를 들어 기업 확장의 일환으로 더 많은 아이스크림 가게를 열 계획이라고 하자. 이때 상점 간 경쟁을 막기 위해 2개의 점포가 5킬로미터 이내에 있을 수 없다는 조건이 있다. 이런 경우 공간 데이터를 활용하면 기존 매장 위치를 지도 위에 표시하고 기존 매장에서 최소 5킬로미터 떨어진 지점 중 새로운 매장의 최적 위치를 찾을 수 있다.

공간 데이터 분석의 응용에는 운영 및 물류 최적화, 환경 과학 및 인프라 계획이 포함된다. 공간 데이터 분석을 위한 입력 데이터로는 경도 및 위도와 같은 정확한 위치 또는 우편번호나 IP 주소처럼, 위치를 계산하는 데 필요한 정보가 포함될 수 있다.

뿐만 아니라 공간 데이터 분석을 사용하면 다른 개체 특정 반경 내에 속하는 개체의 수를 결정할 수 있다. 예를 들어, 어느 슈퍼마켓이 그림 8.19와 같이 표적 마케팅을 위해 공간 분석을 사용한다고 하자. 이 경우, 사용자의 소셜 미디어 메시지로부터 사용자의 위치를 추출

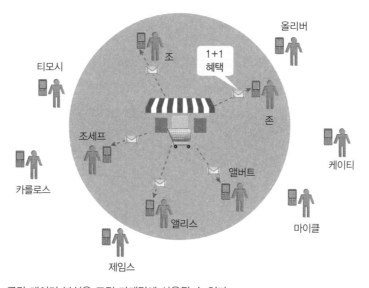

▲ **그림 8.19**  공간 데이터 분석은 표적 마케팅에 사용될 수 있다.

하고 그 위치와 가게의 거리에 따라 실시간으로 맞춤형 서비스를 제공하게 된다.

공간 데이터 분석에 대한 예시 질문에는 다음과 같은 것들이 있다.

- 도로 확장 프로젝트로 인해 얼마나 많은 주택이 영향을 받는가?
- 고객은 슈퍼마켓에 가기 위해 얼마나 가야 되는가?
- 여러 표본 위치에서 얻은 값을 기준으로 할 때 특정 광물이 많은 혹은 적은 위치는 어디인가?

**사례연구**

ETI는 현재 정량적 분석과 정성적 분석 모두를 사용한다. 회사의 보험 계리사는 리스크 관리를 위해서 확률, 평균, 표준 편차 및 분포 같은 다양한 통계 기법을 통한 정량적 평가를 수행한다. 반면에 한 건의 청구를 두고 자세히 살펴보며 리스크의 낮음, 중간 혹은 높음을 판별해야 하는 보험 발행 단계에서는 정성적인 분석을 수행한다. 그리고 청구 평가 단계에서 해당 청구의 사기 여부를 판단한다. 현재 ETI의 분석가들은 강력한 데이터마이닝 기법을 적용하지 않고 대신에 대부분의 노력을 EDW로부터 얻은 데이터를 가지고 BI를 얻는 데 쏟고 있다.

　IT팀과 분석가들은 빅데이터 분석 수명주기 데이터 분석 단계에서 다양한 분석 기법들을 적용했고 그 결과 사기성 거래를 찾는 데 성공했다. 여기에 적용된 기술 중 일부가 나와 있다.

### 상관관계 분석

보험 증서를 구매한 직후 여러 가지 사기성 보험금 청구가 발생한다는 것이 발견되었다. 이를 검증하기 위해 보험 증권의 연수(age)와 사기 청구 건의 상관관계를 측정해 보았다. 그 결과 상관계수 −0.8로 두 변수 사이에 관계가 있음을 보였다. 즉, 보험 증서가 오래될수록 사기 건수의 숫자가 감소했다.

　이 발견을 바탕으로 분석가들은 보험 증권의 연수에 따라 사기 청구 건수가 얼마나 있는지 확인하고자 했다. 따라서 보험 증권의 연수를 독립 변수로, 사기 청구 건수를 종속 변수로 두어 회귀 기법을 사용하였다.

### 시계열 그래프

분석가들은 사기 청구 건수가 시간에 의존하는지 여부를 확인하고자 했다. 특히 특정 연수에서 사기 청구 건수가 급증하는지에 관심이 있었다. 지난 5년간 사기 청구 건수는 매주 기록된 사기 청구 건수를 바탕으로 계산되었다. 시계열 그래프를 시각적으로 분석해 보면 사기 청구 건수가 휴일 직전과 여름이 끝날 때 올라간다는 계절적 특성을 지님을 확인할 수 있다. 이 결과는 고객들이 휴가 기간 이후, 그들의 가전 제품 등을 바꾸기 위해 물건이 도둑맞거나 손상되었다고 거짓으로 보험을 청구하는 것을 의미한다. 몇 가지 단기간의 불규칙적인 변이 또한 발견되는데 좀 더 면밀한 검사를 통해 이는 홍수나 폭풍과 같은 자연재해와 연관이 있음을 알 수 있었다. 현재 추세를 봤을 때 장기적으로 사기 청구 건수가 늘어날 것임을 알 수 있다.

### 클러스터링

비록 모든 사기 청구가 다르지만 분석가들은 이들 간에 존재하는 유사성을 찾고자 하였다. 고객 나이, 보험 증권 연수, 성별, 과거 청구 수, 청구의 빈도 수와 같은 다양한 속성들을 바탕으로 클러스터링 기법을 적용함으로써 사기 청구들을 그룹화했다.

### 분류

분석 결과를 활용하는 단계에서는 타당한 청구와 사기 청구를 분류하는 분류 기법이 이용되었다. 이를 위해 분류 모델은 과거의 타당한 혹은 사기 청구로 이미 확정되어 있는 데이터 세트를 학습했다. 학습한 후 모델은 온라인 상태에서 새롭게 들어온 청구의 사기 여부를 분류할 수 있었다.

부록

# 사례연구 결론

BIG DATA
FUNDAMENTALS

ETI는 빅데이터 저장 및 분석의 영역에서 IT팀에게 경험과 자신감을 쌓게 한 '사기 청구 탐지' 솔루션을 성공적으로 개발했다. 하지만 이는 고위 관리팀이 수립한 주요 목표 중 일부만 달성한 것이다. 추가적으로, 신규 보험 증권 가입 신청 시 위험 평가 개선, 재앙 발생 시 청구 감소를 위한 재앙 관리 시행, 더 효과적인 청구 해결 및 맞춤형 보험 증권 제공을 통한 고객 이탈 감소, 그리고 마지막으로 100% 규정 준수 달성 같은 프로젝트를 해야 한다.

"성공은 성공을 낳는다"는 것을 알고 있는 기업 혁신 관리자는 IT팀에게 청구서 처리 속도를 획기적으로 향상하라고 통고하였다. IT팀이 사기 탐지 솔루션을 구현하는 데 필요한 빅데이터 기술을 배우려고 바쁜 동안 혁신 관리자는 청구서 처리 비즈니스 프로세스를 문서로 만들고 분석하기 위해 비즈니스 분석가팀을 배치했다. 이 프로세스 모델은 BPMS(Business Process Management System)로 구현될 자동화 프로세스를 추진하는 데 사용될 것이다. 혁신 관리자는 사기 탐지를 위한 모델에서 최대한의 가치를 생성하기를 원하기 때문에 이를 다음 목표로 선택했다. 이는 처리 자동화 프레임워크에서 호출될 때 달성된다. 이렇게 하면 합법적인 청구서와 사기 청구서를 분류하는 지도 기계 학습 알고리즘을 점진적으로 개선할 수 있는 학습 데이터를 추가로 수집할 수 있다.

처리 자동화를 구현했을 때의 또 다른 이점은 작업 표준화이다. 청구서가 동일한 절차에 따라 처리되는 경우, 고객 서비스의 편차가 감소하게 되며 이는 ETI 고객의 청구서가 정확하게 처리되고 있음을 확인하는 데 도움이 된다. ETI의 비즈니스 프로세스의 실행을 통해, 고객이 ETI와의 관계의 가치를 인식하게 된다는 간접적인 혜택도 존재한다. BPMS 자체는 빅데이터 계획이 아니지만 종단 간 처리 시간, 개별 활동의 휴면 시간 및 청구서를 처리하는 개별 직원의 처리량 등과 관련된 엄청난 양의 데이터를 생성한다. 이 데이터는 특히 고객 데이터와 결합해서 흥미로운 관계를 찾기 위해 수집되고 분석된다. 고객 이탈 비율이 이탈하는 고객에 대한 청구서 처리 시간과 상관관계가 있는지를 파악하는 것은 중요하다. 그렇다면 회귀 모델을 개발하여 고객 이탈 위험을 예측하고 고객 지원 담당자가 사전에 연락할 수 있다.

ETI는 조직의 응답을 측정 및 분석하여 반영하고 관리하는 선순환을 생성함으로써 일상 업무가 개선되고 있다. 경영진은 조직을 기계가 아니라 유기체로 보는 것이 유용하다는 것을 깨달았다. 이러한 관점은 내부 데이터를 더 깊게 분석하는 것뿐만 아니라 외부 데이터를 통합할 필요가 있다는 사실을 깨닫게 해주었고 패러다임을 전환하게 했다. ETI는 온라인 트랜잭션 처리(OLTP) 시스템으로부터 서술 분석에 기반하여 사업을 수행하고 있었다는 것을 곤혹스럽게 인정해야 했다. 이제 분석 및 비즈니스 인텔리전스에 대해 더 폭넓은 관점에서 기업 데이터 웨어하우스(EDW) 및 온라인 분석 처리(OLAP) 기능을 더 효율적으로 사용할 수 있게 됐다. 실제로, ETI는 해양, 항공 및 부동산 사업 전반에 걸쳐 고객을 조사함으로써 보트, 비행기 및 최고급 부동산에 대해 별도의 보험을 보유한 고객이 많다는 것을 확인할 수 있었다. 이 인사이트만으로도 새로운 마케팅 전략과 고객에게 업셀링(upselling) 기회를 찾았다.

또한 ETI의 미래는 데이터 중심의 의사결정을 채택함으로써 더 밝아졌다. 이제 비즈니스에서 진단 분석 및 예측 분석의 이점을 경험했으므로 처방 분석을 사용하여 리스크 회피를 하려고 한다. 점차 빅데이터를 채택하고 이를 비즈니스와 IT 간의 연계를 개선하는 수단으로 사용하는 ETI의 능력은 엄청난 이점을 가져왔다. ETI의 경영진은 빅데이터가 큰 의미를 가진다고 생각하고, ETI가 수익을 창출하면 주주들도 같은 생각을 할 것으로 기대한다.

# 찾아보기

| ㅇ |

## 저자 소개

### Thomas Erl

Thomas Erl은 *Prentice Hall Service Technology Series from Thomas Erl*의 시리즈 편집자, Arcitura Education의 설립자이자 가장 많이 읽히는 IT 도서의 저자이다. 그의 책은 전 세계적으로 20만 권이 넘게 팔려서 국제적인 베스트셀러가 되었으며 IBM, Microsoft, Oracle, Intel, Accenture, IEEE, HL7, MITER, SAP, CISCO, HP 등 주요 IT 기업의 선임 회원들에게 공식적으로 채택되어 왔다. Arcitura Education Inc.의 CEO로서 Thomas는 국제적으로 인정받는 BDSCP(Big Data Science Certified Professional), CCP(Cloud Certified Professional), SOACP(SOA Certified Professional) 인증 프로그램에 대한 커리큘럼 개발을 주도했다. 이들 프로그램은 전 세계 수천 명의 IT 전문가가 획득한 공급업체에 중립적인 산업 인증 프로그램이다. Thomas는 연사와 강사로 20개국 이상을 방문했다. Thomas는 *The Wall Street Journal*과 *CIO Magazine*을 포함한 수많은 저서에 100개가 넘는 기사와 인터뷰를 실었다.

### Wajid Khattak

Wajid Khattak은 Arcitura Education Inc.의 빅데이터 연구원이자 트레이너이다. 연구 분야는 빅데이터 엔지니어링 및 아키텍처, 데이터 과학, 기계 학습, 분석 및 SOA이다. 그는 비즈니스 인텔리전스 보고 솔루션 및 GIS 분야에서 광범위한 .NET 소프트웨어 개발 경험을 보유하고 있다.

Wajid는 2003년 Birmingham City University에서 소프트웨어 엔지니어링 학사학위를 수석으로 취득했고, 동일한 대학에서 2008년 소프트웨어 엔지니어링 및 보안 분야 석사학위를 취득했다. 그는 MCAD & MCTS(Microsoft), SOA 아키텍트, 빅데이터 과학자, 빅데이터 엔지니어 및 빅데이터 컨설턴트(Arcitura) 인증을 보유하고 있다.

## Paul Buhler

Paul Buhler 박사는 민간, 정부, 학계에서 활동한 경험 많은 전문가이다. 그는 서비스 지향 컴퓨팅 개념, 기술 및 구현 방법론 분야의 존경받는 연구원이자 개발자이며 교육자이다. XaaS에서 그의 작업은 자연스럽게 클라우드, 빅데이터 및 IoE 영역까지 확장됐다. Buhler 박사의 최근 연구는 반응형 디자인 원칙과 목표 기반 실행을 활용하여 비즈니스 전략과 프로세스 실행 간의 격차를 줄이는 데 중점을 두고 있다.

Modus21의 수석 과학자인 Buhler 박사는 기업 전략과 비즈니스 아키텍처와 프로세스 실행 프레임워크의 최신 경향을 조율하는 역할을 한다. 또한 College of Charleston에서 대학원 및 학부 컴퓨터 과학 과정을 가르치는 겸임교수를 맡고 있다. Buhler 박사는 University of South Carolina에서 컴퓨터공학 박사학위를 취득했다. 그는 Johns Hopkins University에서 컴퓨터과학 석사학위를 취득했고, Citadel에서 컴퓨터과학 학사학위를 취득했다.

## 역자 소개

**조성준**
미국 메릴랜드대학교 컴퓨터과학 박사(머신러닝
　전공)
현재 서울대학교 산업공학과 교수

**이혜진**
미국 코넬대학교 경제학과 석사 졸업
현재 서울대학교 산업공학과 박사과정(데이터마
　이닝 전공)

**안용대**
KAIST 산업및시스템공학과 학사 졸업
현재 서울대학교 산업공학과 박사과정(데이터마
　이닝 전공)

**이제혁**
KAIST 산업및시스템공학과 석사 졸업
현재 서울대학교 산업공학과 박사과정(데이터마
　이닝 전공)

**전성환**
미국 에모리대학교 컴퓨터과학과, 수학과 학사
　졸업
현재 서울대학교 산업공학과 박사과정(데이터마
　이닝 전공)

**문지형**
서울대학교 화학생물공학부 학사 졸업
현재 서울대학교 산업공학과 석사과정(데이터마
　이닝 전공)

**김도형**
고려대학교 산업공학과 학사 졸업
현재 서울대학교 산업공학과 석사과정(데이터마
　이닝 전공)

**정민기**
KAIST 산업및시스템공학과 학사 졸업
현재 서울대학교 산업공학과 석사과정(데이터마
　이닝 전공)

**신동민**
서울대학교 지구과학교육과 학사 졸업
현재 서울대학교 산업공학과 석사과정(데이터마
　이닝 전공)